「ファインマン物理学」を読む　普及版

こして

著

ブルーバックス

装幀／児崎雅淑（芦澤泰偉事務所）

本文デザイン／浅妻健司

ブルーバックス版へのまえがき

　いきなりですが、電磁気学って難しくないですか？

　実際、電磁気学といえば、大学で理数系に進んでも敷居が高い学問だと思う。同じ古典物理学でも、力学であれば、歯車などの機械や天体の運動などで具体的に理解することが可能だが、電磁気学になると状況は一変する。それは「場」という概念の抽象度が高いことと深く関係している。

　そもそも電磁波が空間を伝播するって、どういうことだろう？　そこには力学でお馴染みの歯車の類は存在しない。それどころか、水や空気の波の場合には存在する「媒質」でさえ、電磁気学の場合には消滅してしまう。海の波は海水が伝えるし、音は空気の波が伝えるけれど、電磁波を伝える「モノ」など存在しないからだ。電磁波は空間を伝わる、ピリオド、話はおしまい。いやはや、困ったものです。

　それだけでなく、電磁気学は、実はアインシュタインの特殊相対性理論と切っても切れない縁がある。相対性理論抜きに電磁気学を完全に理解することは不可能なのだ。

　さらに、使われている数学も、電磁気学では高度なものが多い。ベクトルと微分積分が渾然一体となって学習者に数学のシャワーを浴びせる。∇（ナブラ）ってなに？　発散？　回転？　線積分に面積分に体積積分？　ストークスの定理？

3

なんじゃ、そりゃあ！

　用語も混乱の元だ。電場、磁場の他に電束密度、磁束密度が出てきて、電荷と電流がある。そして、マクスウェルの方程式と言っても、ガウスの法則、ファラデーの法則、アンペールの法則がつながっていて、おまけに（電荷は存在するのに）磁荷はこの世に存在しないだと……。

　でも、ファインマン先生による名解説をじっくりと読めば、読者の頭の中の疑問符が次々と消えてゆく。なぜなら、ファインマン先生は、疑問に思ったことは常に徹底して考え抜く達人であり、学習者が躓（つまず）くであろう箇所を深掘りし、考える楽しみを与えた上で、鮮やかな解決策を提示してくれるからだ。

　たとえば、本書の 53 ページに登場するマクスウェルの歯車模型。抽象的な電磁気学を直感的な力学模型で理解する良い方法と思われるが、そういった「力学模型」がダメであることをファインマン先生は指摘する。

　あるいは、同じ方向に電流が流れる 2 本の電線のパラドックスも面白い。そのまま電磁気学の法則をあてはめると、電線の間には引力がはたらくことになる。ところが、観測者（あるいは観測装置）が電流と一緒に動きながら電線を観測すると、電磁気学の法則から、電線の間には反発力がはたらくことになる。なんという矛盾！

　もちろん、相対性理論を考慮すると、このパラドックスは解決を見るのだが、ファインマン先生は、とにかく、学習者・読者に頭を抱えさせておいて、ニヤリと笑いながらヒントを出してくれるのだ。ふと気づいたら、読者は、苦手なはずだった電磁気学を心の奥底から理解している自分

に驚くはず。

　本書は、そんな『ファインマン物理学』の敷居をさらに低くして、一人でも多くの人が電磁気学とファインマン・ワールドを冒険できるように、との思いで書いた。ファインマン先生の大学での講義を元に『ファインマン物理学』ができたように、カルチャーセンターでの講読を元にこの本ができた。リアルな生徒さんとの対話が重要な要素であり、ゆえに、かなり、かゆいところに手が届いた本になったのではないかと密かに自負している。

　この本は2004年に講談社サイエンティフィクから単行本として刊行された。当時の編集担当だった大塚記央さんに感謝したい。新書化にあたり、誤植や記述の誤りを修正した。数式チェックをしてくれた間中千元さん、そして、新書化を担当してくれたブルーバックス編集部の柴﨑淑郎さんに御礼を申し上げたい。

2020年　初春　裏横浜にて

竹内薫

はじめに

　本書は『ファインマン物理学』を読むことを通じて「電磁気学のココロがわかる」ようになり、同時に、ファインマンという希有の天才の科学思想に入門することを目的に書いた。

　実は、私は、朝日カルチャーセンターにおける「やり直す物理学」という公開講座において、この1年ほど、すでに『ファインマン物理学』の第5巻から始めて、第1巻、第3巻、第2巻という具合に、じっくりと読み進めているのである。

　ただし、主役はあくまでもファインマン先生であり、私は、一ファンとして、たまたま物理学が専門であったために、ガイド役を引き受けているにすぎない。

　ファインマンという天才物理学者の「科学思想」を私なりの観点から読み解くための手段として、専門論文と一般向け読み物の中庸をいっている『ファインマン物理学』を読み進めているわけだ。

　本書では『ファインマン物理学』の第3巻（原書では第2巻の前半部分）の「電磁気学」に的を絞って読み進めることにしたい。ファインマン先生の真骨頂は、なんといっても量子電気力学（QED）という分野なのだが、その原型は、もちろん量子力学と電磁気学にある。だから、ファ

インマン先生は電磁気学についても凄く深く考えていて、ノーベル賞講演でも未解決の「難問」について触れているし、『ファインマン物理学』の第3巻にもそのような記述が何度か出てくる。

天才ファインマンの頭を悩ませていた難問とは、いったい何だったのか?

それを最終的にファインマンは解決できたのか?

その解決の過程を吟味してゆくと、「作用」という（あまり）聞きなれない物理量に焦点をあてて物理学そのものを書き換えてしまおう、というファインマン先生独自の「科学思想」が見えてくる。

というわけで、本書の中心テーマはファインマン先生の「科学思想」なわけだが、ここでは、その業績に焦点をあてて、ファインマン先生の略歴をざっとご紹介しておこう。

カリフォルニア工科大学の教授として有名なファインマン先生だが、実は、生まれも育ちもニューヨークである。だから、英語もバリバリ（?）のニューヨーク訛りであり、日本でいえば「早口のべらんめえ調」だったりする。

大学はマサチューセッツ工科大学、大学院はプリンストン大学に進み、（『重力（Gravitation）』などの著作で有名な）ジョン・ウィーラー教授の指導のもと、電磁気学の「前進波」の研究で博士号を受ける（1942年）。

通常、電磁波は波源から発生して、徐々に周囲に伝わってゆくので、到達時には遅れが生じている。その一番カンタンな例は、星空の光が何万年も昔に発せられたものであることだろう。それに対して、前進波は、なんと、遅れるのではなく「早く着きすぎた波」なのである。いいかえると

時間を逆行する波なのだ。電磁波の式の導出には電磁気学の基本方程式であるマクスウェル方程式を解くわけだが、数学的には、通常の遅延波だけではなく前進波の解も存在する。対称性の観点からも、電荷が未来だけでなく過去にも電磁波を送ると考えたほうが美しい。とにかく、ウィーラー大先生の指導のもと、ファインマン先生は、時間を逆行するタイムマシンのような電磁波を使って、電磁気学を作りなおしてしまった。

その後、コーネル大学の教授となり、原爆製造のマンハッタン計画に参加した（この話については場所をあらためて述べることとしたい。本書の最終部分をご覧ください）。

戦後、ブラジルのリオデジャネイロ大学に赴き、数年間、研究を続けるとともに教鞭をふるう。ファインマン先生は常に「教育」に関心を持っていた。学問の発展には、研究だけでなく（新しい人材を育成する）教育が大切だと信じていたからだ。その証拠にブラジルでは、教育システムの欠陥を鋭く指摘し、講演をした上に論文まで書いている（後にカリフォルニアでは初等教育の教科書を選定する委員会の仕事も引き受けて、やる気のない委員や「長いものには巻かれろ」式の人々と議論を戦わせている）。

カリフォルニア工科大学に移ってからがファインマン先生の研究が爆発する時期だ（1950年）。量子電気力学やファインマン図の研究から、最終的にはノーベル賞の受賞のもととなる「くりこみ理論」まで、矢継ぎ早に論文が発表された。

ファインマン先生は、晩年、スペースシャトル「チャレ

ンジャー」の事故原因究明委員会で派手なパフォーマンスを繰り広げ、テレビ中継の際に、いわゆる「Oリング」（ガスケット）の欠陥を世界中に知らしめてNASAの度肝を抜いた。だが、このとき、すでにファインマン先生は癌を患っており、周囲の人々に惜しまれながら1988年にこの世を去った——。

さて、『ファインマン物理学』第3巻の構成は通常の電磁気学の教科書とは大きくちがっている。一言で説明すると、

「順番が逆さまになっている」

のである。

いったい、どういうことであろうか?

通常の電磁気学の教科書では、最初に静電場、次に静磁場、それから物質中の電磁気になり、最後に（お情け程度に）マクスウェルの方程式と電磁波が紹介されている。ところが、ファインマン先生の授業では、驚くべきことに、しょっぱなにマクスウェルの方程式が登場するのである。

いわば、前座を通り越して、いきなり真打ちが高座に上がるようなものだ。

通常の教科書は、もちろん、マクスウェルの方程式が難しいという理由で、もっと易しい静電場や静磁場から始めるのである。だが、たいていの場合、授業は時間切れとなり、生徒は、肝心の「真打ち」（＝マクスウェルの方程式）の姿を拝む前に電磁気学の勉強をやめてしまう。なんと残念なことだろう。

本書をお読みいただいたあと、是非、『ファインマン物理学』の第3巻を手にとってみてください。ファインマン流

のマクスウェルの方程式の紹介が、いかに鮮やかなもの
か、実感していただけるにちがいない。

　さて、本書では、このようなファインマン先生の「授業
精神」を正面から受け止めて、第3巻の初めのマクスウェ
ルの方程式に触れたあと、すぐに終わりの18章と19章へ
飛んで読み進めることにする。いきなりマクスウェルの方
程式と電磁波の仕組みをまとめてしまおうという魂胆であ
る。当然のことながら、その場で記号の説明などをしなく
てはならないが、そういった解説の過程で、じわじわと電
磁気学の実態が浮かび上がってくるにちがいない。

　本書の第3章では『ファインマン物理学』の第2巻と第
4巻から電磁気学に関係する話題をトピックス的に拾って
ご紹介する。第3巻のエッセンスと第2巻および第4巻の
トピックスがほどよくミックスされると、電磁気学の醍醐
味を味わうことができると思ったからである。

　最終章の第4章では、無限大の問題から端を発する電磁
気学問題の解決策としてあみだされた「くりこみ理論」に
ついて語ろうと思う。

　なお、このような変則的な読み方のせいで、所々、説明
が重複する箇所があるが、繰り返しを厭わず説明をした
かったので、その点、読者のご理解をたまわりたい。

　それでは、いざ、電磁気学の迷宮世界へ——。

2004年　夏
横浜・みなとみらいの花火を見ながら

竹内薫

「ファインマン物理学」を読む
電磁気学を中心として　普及版

目次

The Feynman

第2章

方程式に秘められた意味   61

第3章

見えないものを見る   99

第4章

電磁気学の致命的な欠陥
くりこみ理論への道

「ファインマン物理学」を読む

電磁気学を中心として

READING
"THE FEYNMAN LECTURES
ON PHYSICS"

普及版

The Feynman

これぞ、
ファインマン流!

READING
"THE FEYNMAN LECTURES
ON PHYSICS"

The Feynman

"In fact, everything we know is only some kind of approximation."
——R.P. Feynman
(*The Feynman Lectures on Physics vol.1 1-1*)

「実際のところ、私たちの知っていることはすべて近似である」
——ファインマン

◆ある劣等生の思い出……

エッセイ風に電磁気学の個人的な体験について書いてみたい。

いろいろなところに書いているが、私は、大学に入ったときは法学部進学課程に属していて、バリバリの文系人間だった。私の親戚には役人をやっている人が多かったし、父親の仕事の関係で子供のころ、ほんの2年ばかりアメリカの小学校に通っていたことがあり、そんな環境のせいか、若い頃は外交官になるのが夢だった。しかし、当時、海外で外交官が殺害される事件が相次いでいたし、生半可な気持ちで外国で命を張ることなど、柔な私にはできそうになく、将来の進路について自分なりに悩んでいた。

若き日の悩みは、人生の先を行っている大人には、もはや理解することができない。

私は、周囲の反対を押し切って、自分のなすべきことを「探す」決意をし、法学部には進まずに、3年から科学史・科学哲学の専攻へと転科し、その後物理学科の3年に編入する、という変わった人生の径路をたどることになった。

文系から理系への転身にもいろいろあるし、逆のパターンもあるけれど、法学から物理というのは、当時でもかなり思い切った進路変更だった。なぜならば、理系の中でも、物理学科は数学科に次いで「数学がきつい」学科として有名だったからである。

実際、法学の判例の勉強からマクスウェルの方程式の解法へと、やることが変わったため、私は一気に奈落の底へと突き落とされた。

理系一筋で大学受験から突き進んできた超秀才たちと一緒に黒板で演習問題をやらされるのである。もう、なにがなんだかわからない。見よう見まねでついてゆくしかない。

　そんなある日、私は、
「それじゃあ、竹内くん、ガウスの法則の簡単な計算をやってみたまえ」
と助手の先生に指されて、黒板で問題を解くはめになった。

　私はガウスの法則のなんたるかを充分に理解していなかった。なんとなく答えを暗記していただけで、本当のところがわかっていなかった。

　だから、私は、黒板の前に立って、吹き出す汗をぬぐいながら、押し黙ったまま、チョークで何か書こうと試みた。
「うん、じゃあ、別の人。誰か助けてあげてください」

　結構な屈辱である。
「物理学って面白そうだゾ」などという安易な気持ちで数学の秀才軍団に入ってしまった私は、このとき、自分がとんでもない進路変更をしてしまったことに気づいた。

　生来、読書好きであった私は、貪るように電磁気学の本を読み始めた。易しいものから難しいものまで、なんでも読んだし、演習問題もたくさん解いた。

　ところが、なぜか、電磁気学が「わかった」という気分にならないのである。不安が募った。私は徐々に電磁気学という魔物に追いつめられていった――。

　というわけで、劣等生の視点から見て、電磁気学のどこが難しいのか、私にはわかっているつもりだ。

　そこで、ちょっくら電磁気学の「心構え」について書いてみたい。

　電磁気学にはいくつかの難所があるが、

- クーロンの法則が基礎法則ではないこと
- 「場」という概念が主役に躍り出ること
- 場の微分や積分の数学がややこしいこと
- 本質的に相対性原理に基づいていること
- 光の偏光も電子の自己エネルギーも（本当は）量子論で説明してもらわないとわからないこと

というあたりが主な難所であろう。いくつもの峠があるのだ。

　さすがというべきか、ファインマン先生は、このような峠のほとんどを、うまく越えられるように解説してくれている。

　ここでは、本論への準備体操をかねて「場」のイメージから入ることにしたい。

◆「電磁場」ってなんだ？

　そもそも「場」とはなんだろう？

　電磁気学における「場」は、一言でいうと、「数珠繋ぎになったバネと玉を無限小にしたもの」である。それが数学的かつ物理学的な「場」の意味に他ならない。

　だから、「電磁場がある」というのは、

23

「無限大に拡大するとバネと玉が見えてくる」
ということなのである。

　たとえば流体場は、（お風呂のお湯やプールの水や海や川を思い浮かべていただければいいのだが）連続的で滑らかに流れているように見えるでしょう？　しかし、顕微鏡でどんどん拡大していけば、しまいには水の分子が見えてくるはずだ。だから、流体場は、
「有限の倍率で拡大すると分子間力と分子が見えてくる」

■場のイメージを表すと……

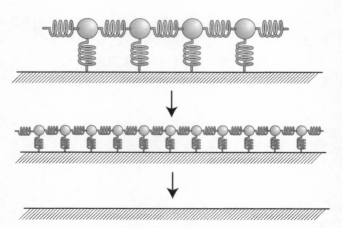

バネを無限に小さくして、数を無限に多くすると場になる。

力の向き　　力の向き

例えば、バネが左のような形をしていると、このバネ集団は矢印の向きの力を与える場となる。（時々刻々と変化する）

という意味では近似的な「場」だといえる。

　それに対して、電磁場は、ある意味、理想的な「場」なのであり、驚いたことに有限の倍率で拡大しても、その実体であるバネや玉はいっこうに姿を現さない。無限大の倍率というのは、数学的には可能な概念だが、物理学的には実現不可能である。だから、ぶっちゃけた話、電磁場は、いくら拡大しても実体が見えてこないことになる。

　電磁場という概念は、はたして物理なのか、それとも数学なのか？

　実をいえば、この話は、さらなる概念的な飛躍を必要とする。

　電磁場を無限大の倍率で拡大してやると、ある意味、バネや玉に相当するものは「見えてくる」のである。だが、それは、われわれが通常の「モノ」として認識できる何かではない。それは、量子力学というミクロの世界を記述する基礎理論の枠組みでしか理解できない現象になってしまうからだ。電磁場は「光子」という（粒子でも波でもある奇妙な）量子になってしまうのである。量子は、通常のモノとはちがって、居場所がはっきり特定できないし、仏教世界のごとく消滅したり生成したりしているし、色も堅さもないし、平気で壁を通り抜けたりする。それは、もはやバネや玉といった「モノ」の概念ではとらえることができない。あえていうならば、量子は「コト」なのである。

　電磁場は、物理学が長い時間をかけて辿り着いた、極度に抽象化の進んだ世界なのだ。電磁場は、あえていうならば、物理と数学の中間領域に存在しているのである。

　われわれは、だから、「場」を常識で理解することはあき

らめなければならない。われわれは、その革新的で抽象的な考えに馴れるしかない。

　うーん、とはいえ、『ファインマン物理学』には、繰り返し、「場」の実例がでてくるので、ご心配めさるな。大丈夫、きっと理解できます——。

◆「場」は過去を記憶する

　さて、高校までは物理学の電磁気といえば「クーロンの法則」であろう。それは、こんな恰好をしている。

$$F = \frac{q_1 q_2}{r^3}\, r$$

これは遠隔作用の式である（ベクトル表示なので分母が3乗になっている）。この式には、
「力が瞬時にして遠くの電荷同士の間に働く」
という考え方が暗に含まれている。

　それに対して、「場」の考えは、近接作用である。
「無限小の隣近所へと徐々に周囲に影響が拡がって、力が働く」
という哲学なのである。

　具体的にいうと、電磁場は、光速（毎秒30万キロメートル）で空間を伝わる。

　瞬時に力が伝わるクーロンの法則は、しかし、「場」の考え方によって解釈し直すことが可能だ。そこはファインマン先生が次のように解説してくれている。

E の式は

$$E = \frac{q_1 r}{4\pi\varepsilon_0 r^3} \qquad (12.4)$$

である。そこで

$$F = q_2 E \qquad (12.5)$$

と書けば、これは力と電場とそのなかにある電荷の三つを結ぶ式になる。これは要するにどういうことなのか？大切な点は問題を二つにわけたというところにある。まず第一に、あるものが場を生ずるとする。第二に、あるものがこの場によってはたらかれるとする。

（1巻　12-4　173ページ）

　つまり、クーロンの法則を「電荷2」と「電荷1が生んだ場」の2つの部分に分けて書け、というのである。

　だが、いったい何のために？　数学的に同等なのだから、クーロンの法則をわざわざ分けて書く必要などなかろうに。不思議だ。

　もし、クーロンの法則が厳密な物理法則なのであれば、たしかに分けて書くことに意味はない。単なる時間の無駄である。だが実は、クーロンの法則は、近似法則にすぎないのである。クーロンの法則は、電磁場が時間的に変動しない落ち着いた状態において、しかも磁場が存在しなくて電場だけを考えていればいいような特殊情況においてのみ成り立つ法則なのだ。

力の法則というものがたいへん複雑であるのに対して、場というものは、それを生ずる物体とほとんど関係なく現実性をもっているのである。例えば電荷を振動させると、その影響として、はなれたところに場を生ずる；振動を止めても、この場は過去にあったことすべてを記憶している。それは二つの物体の間の相互作用は瞬間的なものではないからである。前にあったことを記憶する方法があるということは都合のいいことである。ある電荷にはたらく力が、他の電荷が昨日どこにあったかということによってきまるのならば、そして実際そのとおりなのだが、我々は、昨日何が起こったかを覚えておく方法がなければならない。これが場の特性なのである。こうして、力が複雑なものになればなるほど、場というものはますます現実的のものになり、このやり方は単なる人為的の分離というものでなくなるのである。

（1巻　12–4　173–174 ページ）

　場は「近接作用」を体現している。近接作用とは力が徐々に伝わるということであり、それゆえ、過去を記憶しているのである。その記憶をもとに「いま現在」の力が計算される。

◆目次はすごく大事だ

　まず、『ファインマン物理学』第 3 巻の目次を見て、本全体の構成を頭に入れておこう。

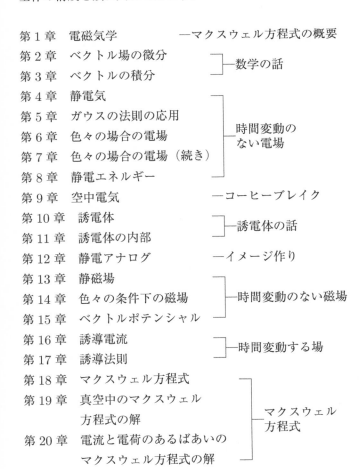

補章　最小作用の原理　　　　　一特論
演習

　いかがだろう？

　これだけ見ると、通常の電磁気学の教科書とあまり変わらないように感じる。だが、実際には、第1章において「マクスウェルの方程式」の概要が語られ、第2章と第3章において「必要な数学」が紹介される。その時点で、実は、すでに電磁気学のエッセンスが生徒には伝授されている仕掛けだ（マクスウェル方程式は後半に再び現れる）。

　第4章から第8章までは、時間変動のない電場が扱われる。ここでは、特に第5章のガウスの法則の使い方に注意する必要がある。

　第9章は一種のコーヒーブレイクである。

　第10章と第11章は誘電体、いいかえると「絶縁体」の話だ。ここでは、それまでに出てきた「導体」とのちがいを頭に叩き込んでもらいたい。導体と誘電体のちがいを考えることにより、より深く電磁気学のふるまいが見えてくるはず。

　第12章は中盤の「かなめ」ともいえる。ここでは、方程式は同じなのに物理現象としては全く別の事例を分析することにより、逆に電磁気学の「イメージ」が醸成される。たとえば、電位差により電流が流れるのは、温度差により熱が伝わるのと同じであり、また絶縁体は断熱材と同じであるといったことが紹介される。とかくイメージが摑みにくい電磁気学を他の物理現象によって理解するのは、きわめて有効な方法だといえよう。

　第 13 章から第 15 章までは、時間的に変動しない磁場の話だ。

　そして第 16 章と第 17 章にいたり、初めて、時間変動する「場」に入る。具体的にはファラデーの電磁誘導の法則である。

　なお、補章の「最小作用の原理」だが、学校の授業であれば「特論」という感じだろう。この部分はファインマン流の量子力学の定式化である「径路積分」に直結しているので、ファインマン先生の授業も生き生きしているが、内容は、それなりに難しい。私も朝日カルチャーセンターの授業でこの部分を説明したが、なかなか内容が通じない、という焦りがあった。だが、この部分は、ファインマンの「科学思想」そのものであるといっても過言ではないので、とても重要なのだ。だから、本書でもトリとして最後に読むことにしたい。

　うーん、ちょっとわかりにくいので次頁にチャートにまとめておきましょう。矢印は全体の流れを表します。

■論述の流れ

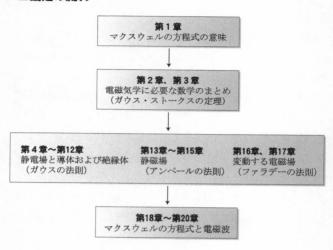

先に進む前に一言。

岩波版の『ファインマン物理学』は全5巻だが、アディスン＝ウェスリー版の原書は全3巻である。岩波版の『ファインマン物理学』の第3巻は、原書の第2巻の前半に当たる。原書の第2巻の後半部分は、岩波版では第4巻「電磁波と物性」になっている。

原書　　　岩波版

第1巻　　第1巻「力学」

　　　　　第2巻「光　熱　波動」

第2巻　　第3巻「電磁気学」

　　　　　第4巻「電磁波と物性」

第3巻　　第5巻「量子力学」

◆ウロボロスの蛇

　ところで、ウロボロスの
蛇をご存知だろうか？　ウ
ロボロスの蛇とは、己の尾
を嚙んで円を作る蛇で、永
劫回帰のシンボルである。
私が好きなエッシャーの
絵に三匹の蛇が互いの尻尾
にからみ合う木版画がある
が、そういったウロボロス
の蛇的な循環構造が『ファ
インマン物理学』第 3 巻に
も見られる。電磁気の総ま

"Snakes 1969" M.C. Escher
All M.C. Escher works©Cordon Art
B.V.-Baarn-the Netherlands./Huis
Ten Bosch-Japan

とめである第 18 章から第 20 章が第 1 章と直結した内容
になっているのである。

　われわれは、まず、頭の部分から読み始めて、その後、
すぐに尻尾を食べ始めることにしよう。

　さて、第 1 章「電磁気学」では、最初に電気の力につい
て、驚くべき事実が語られる。

　人体の中の電子が陽子より 1 パーセント多いとすると、あ
なたがある人から腕の長さの所に立つとき、信じられな
い位強い力で反発する筈である。どの位の強さだろう。
エンパイア・ステート・ビルを持ち上げる位だろうか。
（中略）それどころではない。反発力は地球全体の "重
さ" を持ち上げられるくらい強い。（3 巻　1–1　1 ページ）

電子はマイナスの電荷を持ち、陽子はプラスの電荷を持つ。そのバランスが1%崩れるだけで、そこには莫大な力が働くことになる。つまり、電磁力は、とても強いのである。重力の10の40乗倍にもなる。

　具体的に電子と陽子の間に働く重力と電磁力を計算してみよう。

　まず電磁力から——。

　電子の質量も陽子の質量もニュートン定数の値もわかっている。

- ・電子の質量　$m_e = 0.00091 \times 10^{-27}$ kg
- ・陽子の質量　$m_p = 1.6726 \times 10^{-27}$ kg
- ・ニュートンの重力定数　$G = 6.673 \times 10^{-11}$ Nm²/kg²

　これを使うと距離 r だけ離れた電子と陽子の間に働く力が、ニュートンの万有引力の法則：

$$F = G \frac{m_e m_p}{r^2}$$

により計算できる（N は力の単位の「ニュートン」で kgm/s² に等しい）。

　次に電子と陽子の電荷はわかっていて、クーロンの法則に出てくる定数の ε_0 の値もわかっている。

- ・電子の電荷　$q_e = -1.6 \times 10^{-19}$ C
- ・陽子の電荷　$q_p = +1.6 \times 10^{-19}$ C
- ・$k = 1/4\pi\varepsilon_0 = 9 \times 10^9$ Nm²/C²

これを使うと距離 r だけ離れた電子と陽子の間に働く力が、クーロンの法則：

$$F = k\frac{q_e q_p}{r^2}$$

により計算できる（C は電荷の単位の「クーロン」）。

　この 2 つの力の比を取れば、距離 r は相殺されてなくなるので、重力と電磁力の本質的な力の大小が計算できることになる。その結果、電磁力は重力の約 10 の 40 乗倍も強いことがわかる。

　さて、第 1 章は電磁気学への導入であるが、まずは「ローレンツ力」の式が紹介される。

$$\boldsymbol{F} = q(\boldsymbol{E} + \boldsymbol{v} \times \boldsymbol{B}) \tag{1.1}$$

この式について、ファインマン先生は、

世界中にある電荷による電気的な力がただ 2 個のベクトルによって総合される点が大切である。

（3 巻　1–1　3 ページ）

と語っている。「ただ 2 個のベクトル」とは、もちろん、電場 $\boldsymbol{E}$ と磁場 $\boldsymbol{B}$ のことだ。この式の意味については、もう少しあとで説明することにします。とにかく、電磁気学とは $\boldsymbol{E}$ および $\boldsymbol{B}$ という 2 個のベクトルのふるまいを記述する学問である。そして、その基礎方程式は、マクスウェルの方程式と呼ばれている。

　ファインマン先生は、この段階で、マクスウェルの方程

式を（数式ではなく）言葉で説明してくれている。

──── マクスウェル方程式（電磁気学の基本法則）────

◆ガウスの法則

$$\text{任意の閉曲面をつらぬく } \boldsymbol{E} \text{ の流束} = \frac{\text{内部にある総電荷}}{\varepsilon_0} \tag{1.6}$$

◆ファラデーの法則

$$C \text{ のまわりの } \boldsymbol{E} \text{ の循環} = -\frac{d}{dt} (S \text{ を通る } \boldsymbol{B} \text{ の流束}) \tag{1.7}$$

◆磁荷がないこと

$$\text{任意の閉曲面に対する } \boldsymbol{B} \text{ の流束} = 0 \tag{1.8}$$

◆アンペールの法則

$$c^2 (C \text{ のまわりの } \boldsymbol{B} \text{ の循環})$$
$$= \frac{d}{dt} (S \text{ を通る } \boldsymbol{E} \text{ の流束}) + \frac{S \text{ を通る電流の流束}}{\varepsilon_0} \tag{1.9}$$

　ここで C というのは「任意の曲面（閉曲面でない）を S」としたときに、その「縁」のことである。c は光速であり ε_0 は定数である。このマクスウェル方程式についてもあとの章でくわしく説明します。

　式 (1.6) から (1.9) までと、(1.1) とを合わせると、電

磁気学の法則のすべてがつくされる。よく知られている
ように、ニュートンの法則を書き下すのは簡単である
が、それから出てくる結果は複雑を極めていて、すべて
を学びつくすには長い時間がいる。電磁気の法則は書き
下すにもそれほど簡単ではなく、従って結果はもっと複
雑であり、それらを見極めるには非常に時間がかかる。

（3 巻 1–4 7 ページ）

　どうやら、ファインマン先生は学生に「峠は遠いゾ」と
忠告しているようだ。たしかに、マクスウェルの方程式の
言葉による説明を読んでいるだけでは、なんのことやら、
チンプンカンプンである。困った。
　一つ実例を見てみよう。

■アンペールの法則の図説

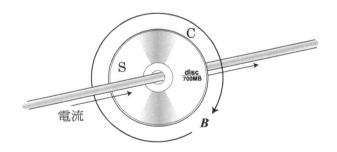

　これは式 (1.9) の適用例である。(1.9) の右辺には電流
の項がある。想像上の円盤（真ん中に穴のあいた CD でか
まわない）に電線を通してみよう。その CD の面を S と

呼び CD の円周を C と呼ぶ。すると S を突き抜ける電流を定数 ε_0 で割ったぶんだけ、(左辺の)C を回る磁場 B が生成する。

つまり、マクスウェルの4番目の式は、電流が流れると周囲に渦のような磁場 B が発生することを示しているのである。

この電線の下に棒磁石を置いておいたらどうなるか？

電流が磁場 B を作るのだから、そこに磁石を置いたら、磁石の N 極と N 極が反発するのと同じ原理で磁石には力が働く。その反作用で電線も動く。結果的に電線と磁石は互いに遠ざかることになる。

作用反作用の原理である。

■電流に磁石を近づけると

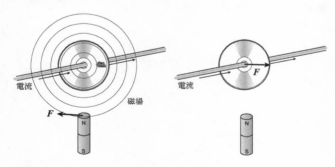

磁石は電流によって発生した磁場から力を受ける　　電線は反作用を受ける

電線が力を受けることは、電流が「電荷の流れ」であることに注意すればよい。すなわち、

$$電流 = qv$$

なのである。電荷 q が速度 v で動くことをわれわれは「電流」と呼ぶ。

　だから、棒磁石の作る磁場 B の中では、電線の中を動いている電荷は、

$$F = qv \times B$$

というローレンツ力を受ける（ベクトルの掛け算の「×」については 76 ページ参照）。

◆その説明はインチキだ！

　だが、待てよ。以上の説明にはインチキがある！

　なぜならば、電磁気学の法則は、式 (1.1) および式 (1.6) から (1.9) で尽くされるはずなのに、われわれは、「電流が磁場 B を作るのだから、そこに磁石を置いたら、磁石の N 極と N 極が反発するのと同じ原理で磁石には力が働く」などという曖昧な説明をしてしまった。

　磁石同士が反発するなどという法則は、どこにも存在しない――。

　それでは、磁石の N 極と N 極が反発するという実験事実は、電磁気学の基本法則（マクスウェル方程式）から、どうやって説明したらよいのだろう？

　答えは簡単である。

　答え　そもそも磁石というモノは存在しない

磁石という実体は存在しない。磁石を小さくバラバラに
してゆくと、しまいには、磁石は消えてなくなって、原子
レベルの円電流（円形に流れる電流）だけになってしま
う。ようするに、磁石の正体は「ミクロの円電流」なので
ある。ミクロの円電流がたくさん集まればコイル電流と同
じになる。

　ということは、

「電線が作る磁場の下に置いた磁石が力を受ける」

ことは、

「電線が作る磁場の下に置いたコイルの中を動く電荷が力
を受ける」

といいかえることができる。

　つまり、

という式で説明がつくのである。

　さて、言葉は難しいし、ファインマン先生による忠告も
あったが、実のところ、電磁気学の計算そのものは、さほ
ど難しくない。そこには本質的な難しさはない。複雑であ
ることと計算が困難であることは別だからである。

　しかし、ある電荷分布によって周囲の電場 E_1 が決まっ
たとしても、どこかから別の電荷がやってきて電場 E_2 を
作ったら、状態は、まるっきり変わってしまうのではある
まいか？　だとしたら、刻々と変わりゆく場の変動を計算に
よって予測することなど不可能に近いのではあるまいか？

■磁石はコイルと見なせる

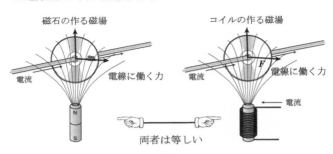

それは心配ない。なぜなら「重ね合わせの原理」がある
からだ。

　たくさんの電荷が一つの場をつくっているとき、その一
つの電荷がそれだけで E_1 という場をつくり、次の電荷
がそれだけで E_2 という場をつくり、等々であるならば、
全体の場を求めるのには、単にこれらのベクトルを加え
ればよいのである。この原理は次のようにあらわすこと
ができる：

$$E = E_1 + E_2 + E_3 + \cdots . \qquad (12.6)$$

（1 巻　12–4　174 ページ）

　便宜上、第 1 巻から引用させてもらったが、第 3 巻の
「1–1」（3–4 ページ）にも同様の記述が見られる。電場だ
けでなく磁場についても話は同様である。

◆重力理論が厄介なわけとは？

　　重ね合わせができると計算が簡単になる、といわれてもしっくりこないかもしれない。そこで「重ね合わせができない例」としてアインシュタインの重力理論をとりあげてみよう。

　　言葉の問題だが、重ね合わせができる場合は方程式が「線形」（*linear*）であると言い、重ね合わせができない場合は方程式が「非線形」（*non-linear*）と言う。これはリニア・モーターカーの「リニア」と同じで「直線」という意味もある。方程式がリニアというのは、直線のように単純という意味だと思っていただいてもかまわない。

　　アインシュタインの重力理論は非線形の微分方程式の典型である。アインシュタインは、空間に物質があると、その質量（＝エネルギー）によって空間が歪むのだと考えた。これはゴムシートのように柔らかい空間のイメージである。ゴムシートの上に重い玉を載せると凹むように空間も凹む。その凹み具合を数学的に記述するのが「曲率」（*curvature*）と呼ばれる量だ。まさに空間がカーブするのである。

　　たとえばふつうの平らな紙は曲がっていないので曲率はゼロである。それを確かめるには、初等的ではあるが、紙

■曲率

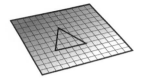

曲率がゼロ
三角形の内角の和180度

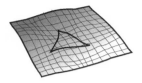

歪んだ空間

曲率が正
三角形の内角の和180度以上

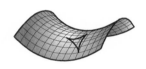

曲率が負
三角形の内角の和180度以下

の上に三角形を描いて、内角の和を測ってみればよい。平らな空間では三角形の内角の和は 180 度になる。

　次に地球儀を持ってきて、その表面に三角形を描いてみる（描くのが難しいので、頂点と頂点の間に糸を張って、その糸に沿って線を描くことにする）と、できあがった三角形の内角の和を測ってみたら 180 度を超えていることが判明する。内角の和が 180 度にならない分、地球儀の表面は曲がっていることになる。

　一方、乗馬の鞍を用意して、その上に三角形を描いてみると、今度は三角形の内角の和が 180 度より小さいことがわかるであろう。乗馬の鞍も曲がっている。

　ここでは曲率の具体的な計算方法には触れないが、曲率

には重要な性質がある。それは、

「曲率 R_1 と曲率 R_2 が同時に存在する場所における曲率は、$R_1 + R_2$ にはならない」

ことである。

めんどうな話だ。

ゴムシートの上に玉1を置くと曲率 R_1 が計算できる。次に別の場所に別の重さの玉2を置くと曲率 R_2 が計算できる。ところが、2つの玉による全曲率は、2つの曲率の和にはならないのである。もう一度、最初から玉1と玉2の両方がある場合を計算しなおさないといけないのである。

このように、曲率と質量の関係を表すアインシュタイン方程式を厳密に解こうとすると、非線形の性質、すなわち「重ね合わせができない」という困難に遭遇する。ただし、質量が小さくて曲率も小さいときには近似的に2つの解を重ね合わせても誤差は小さい。そのような近似のことを「線形近似」と呼ぶ。

アインシュタイン方程式の線形近似はニュートン力学になる。つまり、ニュートン力学は、重力が弱い場合の近似理論とみなすことができるわけだ。

具体的にイメージするのが難しい読者のために、もっと身近な例をあげておこう。

振り子とバネの振動である。

昔の時計についていた振り子は、実は、非線形の方程式なので、簡単には解くことができない。それに対してバネ振動（＝調和振動子）は線形の方程式なので誰でも解くことができる。振り子のような簡単な仕掛けの方程式が非線形とは驚きだが、世の中、そうなっている。とはいえ、振

り子の「振れ」が小さいときには、線形近似を使うことができて、それはバネの振動と同じ方程式になる。

　学校では電磁気学も教わるしバネ振動も教わるのに、アインシュタインの重力理論や振り子の振れ幅が大きい場合の計算は教わらない。それは、非線形の問題が難しいからである。だが、世の中の大部分の問題は、本質的に非線形なのである。

　電磁気学は、基本方程式が線形なので早くから計算が発達した。同様に、量子力学の基本方程式（＝シュレディンガー方程式）も線形である。だから、電磁気学と量子力学はファインマン先生らによって統合され、きわめて精密な計算が行なわれるようになったのである。

　それと対照的に、量子電気力学が完成されてから半世紀を経た現在、いまだに量子重力理論が完成されていない大きな理由の一つは、重力理論の非線形性にあるといっていいだろう。

◆電磁場の性質を決定づける２つのこと

　電場 E と磁場 B はともにベクトル場である。その意味は、時間と空間の各点 (t, x, y, z) に、$E = (E_x, E_y, E_z)$ と $B = (B_x, B_y, B_z)$ という２個のベクトル（＝ 6 個の数）が存在する、ということだ。

　これは、空間のあらゆるところに「E という矢印」と「B という矢印」があって、時間とともに矢印が変化する絵をイメージすればよい。E という矢印の長さは電場 E

の絶対値 ($|\boldsymbol{E}| = \sqrt{E_x{}^2 + E_y{}^2 + E_z{}^2}$) に比例し、矢印の方向は「$x$ 方向に E_x 歩、y 方向に E_y 歩、z 方向に E_z 歩進む」ようになっている。磁場 $\boldsymbol{B}$ についても同様である。

■ベクトル場

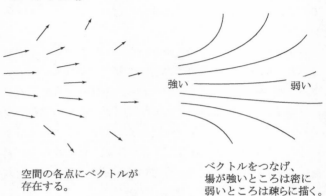

空間の各点にベクトルが
存在する。

ベクトルをつなげ、
場が強いところは密に
弱いところは疎らに描く。

たとえば水が流れているところに上からたくさんの花粉を落として、カメラのシャッターを 1 秒間だけ開いたままにして露光させればいい。写真には、流れに沿って 1 秒だけ動いた花粉たちが、短い線になって写るだろう。その線の終点に手で矢印の矢をつけてやればベクトル図になるという次第。

もっとも、ベクトル場の描き方は、これに限らない。

矢印をつなげて描いてもかまわない。ただし、そうなると個々の矢印の長さは見えなくなってしまうので、何か別の方法でベクトルの強さを表さなくてはいけない。それ

は、隣り合う線同士の間隔が密であれば場が強く、疎らで
あれば場が弱いようにするのである。

こちらの描き方は、水の上に花粉を落とすところまでは
同じだが、露光時間を1秒ではなく、花粉が視野から消え
るまで、長時間の露光をすることにあたる。

E（や B）が"場"といわれるのは、空間の各点でそ
の値がきめられているからに外ならない。空間の別の点
で別の値をとる物理量はどれも"場"である。たとえば
温度は場——今度はスカラーの場——であって、これを
$T(x, y, z)$ と書く。温度が時と共に変ることもある、こ
のとき温度場は時刻に関係するといい、$T(x, y, z, t)$ と書
く。流れる流体の"速度場"は別の例である。空間の各
点で時刻 t に流体がもつ速度を $v(x, y, z, t)$ と書く。こ
れはベクトル場である。

（3巻　1–2　4–5ページ）

さて、このような「場」が数学的にどのような性質を持っ
ているかを調べる方法として、「∇・」と「∇×」の2つの方
法（演算子）がある（あとで詳しく述べるが、電場と磁場
とでは「場」の性質が違う）。これを「発散」（*divergence*）
と「回転」（*rotation*）と呼ぶ。この2つは、無限小の点に
おけるベクトル場のふるまいをあぶり出す演算子であり、
ベクトル場をミクロの視点から分析することにあたる。い
いかえると、微分の視点なのである。

それに対して、もっとマクロな視点からベクトル場を見
渡す場合は、発散と回転の代わりに「流束」（*flux*）と「循

環」（circulation）という言葉を遣う。有限の面積を貫く
ベクトル場の量と有限の長さを回るベクトル場の量を測る
のである。もっとも、電場や磁場は、水の分子のように具
体的に物質が流れているわけではないので、「電束」とか
「磁束」という言葉を遣うのだが、基本的に意味は変わら
ない。

　流束とか循環とか、ちょっとわかりにくいので例をあげ
てみよう。

■流束

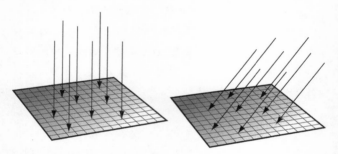

太陽光が真上からあたると
地面はよく暖まる。
光の正味の流量（＝流束）は
光の強度に面積を掛けたもの。

光の垂直成分しか有効でない
ので、太陽光が斜めからあたる
場合は暖まりづらい。

　太陽が頭の真上にあるときには、光（＝電磁波）が地面
に垂直にあたるので、地面はすぐに暖かくなる。これが流
束である。ベクトル場の垂直な成分に地面の面積をかけた
ものである。ようするに「正味の流量」ということだ。

　太陽が地平線すれすれにあるときには、同じ太陽である

にもかかわらず、地面は暖かくならない。なぜかといえ
ば、横から地面を照らすので、効率が悪くなるからだ。実
際、地面を暖めるのに寄与するのは、光の垂直成分だけで
ある（その証拠に「真横」から照らしたら、光は地面と平
行なので、まったく地面にはあたらない！）。

　垂直な成分のことを「法線成分」というので、ファイン
マン先生は、流束を次のように定義している。

　　流束 ＝（法線成分の平均値）・（表面積）

　次に「循環」である。

　これは、ベクトル場の中に決めた円（あるいは回路）に
沿って、ベクトル場が、正味、「どれくらい回っているか」
を測ることにあたる。これについては、ファインマン先生

■循環の考え方

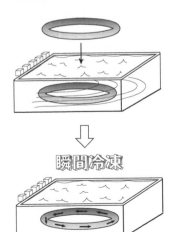

流れるプールに
大きなチューブを
入れる。

瞬間冷凍

チューブの中の水は
ある勢いで流れつづける。
これが循環。

が、非常にわかりやすい説明をしてくれている。

　ベクトル場として水流を考えよう。水の中に測定用の
チューブを入れる。もちろん、チューブがベクトル場を
乱してはダメなので、堅い物質でできたチューブではな
い。あえて言うならば孔だらけのチューブだろうか。次に
チューブの外の水を瞬間冷凍する。すると、チューブの中
だけに水流が残って、それは、ある勢いをもって循環する
だろう。

　これが循環なのである。

　もっと数学的には、

　　循環 ＝（接線成分の平均値）・（周の長さ）

ということになる。チューブに沿った流れの接線成分を
チューブの全長にわたって足し合わせるわけだ。

　発散と回転は、流束と循環を極限的に小さくして考える
ことだと考えていいだろう。つまり、発散と回転は微分的
な見方であり、流束と循環は積分的な見方であるというこ
とができる。

　一点に注目するか、全体に注目するかの違いである。

◆ファインマン先生のダメ出し

　第1章の終わりでファインマン先生は、電磁気学の盲点
を鋭く突いた発言をしている。それは、電磁気学をよりよ
く理解しようとするあまり、具体的なイメージに訴えるこ
との可否である。

　ここでは、ファインマン先生があげている例を歴史に沿ってご紹介して、それから、そういった具体的な描像のどこがいけないのか、ファインマン先生の講義を聞くことにしよう。

　例として磁場をとりあげる。

　紙の上に棒磁石を置いて、周りに砂鉄を振りかける。ちょっと紙を揺すってやれば、磁石の周囲に力線が浮き出る。私がいつも引用する図版なのだが、マイケル・ファラデーの本に出ている図をご覧いただきたい。

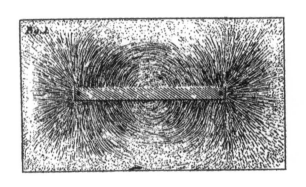

　目に見えない磁力線の可視化である（磁力線とは磁場の矢印をつなげたものだ）。

　もちろん、ファラデーはマクスウェルの方程式の２番目の式（電磁誘導）を実験的に発見した人物であるが、マクスウェルは、当初、ファラデーの電磁誘導の法則を歯車で説明しようとした。

　２つのコイルを用意し、一方はスイッチつきの電池につ

ないでおき、もう一方はそのままにしておく。スイッチを
入れて一方のコイルに電流を流すと、もう一方のコイルに
は逆回りの電流が発生する。これが電磁誘導という現象
である。だが、誘導電流は、ずっと流れ続けるわけではな
い。そのままにしておくと、（最初のコイルには電池によ
る電流が流れ続けているにもかかわらず）もう一方のコイ
ルに誘導された電流のほうは消えてなくなってしまう。次
に最初のコイルのスイッチを切ると、なんと、もう一方の
コイルには、さきほどの誘導電流とは逆さ回りの電流が発
生するが、放っておくと、その誘導電流も弱くなって消え
てゆく。

　この現象は、電流だけに注目していたのでは解明できな
い。

　ふたたびマクスウェルの方程式の2番目「ファラデーの
法則」の式を見てみよう。

$$C \text{ のまわりの } \boldsymbol{E} \text{ の循環} = -\frac{d}{dt}(S \text{ を通る } \boldsymbol{B} \text{ の流束})$$

　右辺に注目していただきたい。これは、磁場 $\boldsymbol{B}$ の時間
変化を意味する。左辺は、電場 $\boldsymbol{E}$ の回転（循環）である。
つまり、ファラデーが発見したのは、

　「磁場が時間的に変化すると電場が回転する」

ということだったのだ。そして、

　電場が回転する　→　電場につられて電荷が動く

　→　電流が流れる

そういうつながりなのである。

電流を流し続けても、もう一方のコイルの誘導電流が消えてしまったのは、もはや磁場が一定で変化しなくなったために、電場の回転が生まれなくなり、早い話が、もう一方のコイルの中の電荷を後押しできなくなったからなのである。

もちろん、電気抵抗がなければ誘導された電流は永遠に流れ続けるだろうが、ふつうのコイルは、いわば「摩擦のある道」のようなものなので、その中を動く電荷は、抵抗によって減衰する。

さて、この誘導電流の現象をマクスウェルは、次のような力学的なイメージで理解しようとした。

なんだろう、コレ。

六角形でプラスとかマイナスとか書いてあるのが磁場である。磁力線を横からではなく断面から見ている感じだ。

■マクスウェルの歯車模型

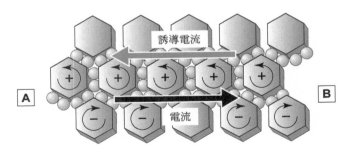

マクスウェルの初期の論文に出ている電磁場のイメージ図。
例えば、AからBへと玉が動くと（電流）、歯車（磁場）が
回転し、上の玉は逆方向に動き始める（誘導電流）。

この六角形の歯車の間に挟まっている玉が電荷である。

　図の AB に沿って電流が流れるとする。これが最初のコイルの電池のスイッチを入れたことにあたる。すると玉と歯車の摩擦によって、玉に接している歯車が回転を始める。すると、歯車の上の層の玉は、AB の玉とは反対方向に移動し始める。これが誘導電流というわけだ。この誘導電流は、じきになくなる。なぜなら、磁場役の歯車の回転が安定すると、玉も、その場で回転するだけで平行移動はしなくなるからだ。

　ここでは、歯車と玉の間に摩擦が存在する点が重要だ。

　次に、AB に沿って動く玉を止めてみよう。これは最初のコイルの電池を遮断することにあたる。すると、摩擦によって、AB の上の歯車の回転が落ちるので、それを調整するために、歯車の上の層の玉が、さきほどとは反対方向に平行移動を始める。これが、スイッチを切ったときに生ずる誘導電流である。

　AB より下でも同じような現象が起きる。

　このモデルの下では、玉の列が自由に平行移動できるのが「導体」であり、玉の列が釘か何かで平行移動できないように制限されているのが「絶縁体」（＝誘電体）ということになる。

　途中の空気が絶縁体だとすれば、玉は、その場に固定されて回転するだけなので、遠くまで回転が伝わって、玉が平行移動できる導体層になったところで電流が流れることになる。

　なんと理解しやすいモデルだ！ 脱帽である。

　ところが──。

ファインマン先生は、このようなファラデーやマクスウェルの具体的な模型にダメ出しをするのである。

> 場の線とか、空間をみたしてまわる歯車とかを使って磁場を描写することに成功したとしてみる。そのとき、二つの電荷が同じ速さで同じ向きに空間を動いていくとき起こる現象をどう説明するだろうか。動いているからには、電流と同じで、磁場を伴っている（図 1–8 に示した電線の電流と同じに）。しかし電荷と一緒に動く人がみると、電荷は静止してみえるから、磁場がないというにちがいない。物と一緒にうごくと、"歯車" とか "線" とかは消失する。

（3 巻　1–5　12 ページ）

うん？　いったい、どういうことなのだ？

こういうことである。

この時点では、時間変化のない電場や磁場の話が出てきていないので、話の筋が理解しにくい。そこで、ファインマン先生の前提を書いてみよう。

前提 1　電流だけが存在するところには、
　　　　磁場だけが存在する

前提 2　電荷だけが存在するところには、
　　　　電場だけが存在する

よろしいでしょうか？

ファラデーの磁力線もマクスウェルの歯車も磁場だけを

扱っているので、まずは、前提1のほうから考えてみる。

　コイルに電流が流れるとき、そこには電流だけしかない。いいかえると「動いている電荷」だけしかない。だから磁場だけが存在する。マクスウェルの歯車だけを考慮すればいい。

　ファインマン先生は、ここで、

「電荷と一緒に動く人がみると、電荷は静止してみえる」

という重要なポイントを指摘する。

　もっともである。たとえば猛スピードで疾走する新幹線も、新幹線と一緒に動いている人から見れば、止まっているように見える。それが、電荷と一緒に動く、ということの意味である。

　だから、電流の流れる速度と一緒に観測装置を動かしたら、その観測装置にとっては、止まっている電荷だけしか見えないから、前提2によって、電場しかない、いいかえると磁場は消えてしまう、というのである。

　それが論理的な帰結だ。

　このことは歯車の模型では説明がつかない。

　いったい何がいけなかったのだろう？

　実は、磁場という実体のない現象を歯車というモノで置き換えた模型が悪かったのである。

　運動状態により磁場と電場の見え方は変化する。そういった変幻自在の性格を持つベクトル場を堅い分子からできた歯車という力学模型では説明しきれない。

　それだけのことである。

　同様に、磁力線も運動しながら観察すると見え方が変

わる。

　このように、観測対象（＝電場や磁場）と観測者・装置との間の相対速度によって、観測結果が変わってくるような理論を「相対性理論」という。電磁気学は、しょっぱなから、相対性理論の性格を色濃く反映しているのである。

◆電磁気学のパラドックス

　ここで竹内薫から一つのパラドックスを提出しておこう。のちほどファインマン先生による素晴らしい解答をご紹介します（125 ページ参照）。

パラドックス

　次頁の図のように 2 本の電線に同じ方向に電流が流れていると、電線は引っ張り合うことがわかっている。

　ところが電流と同じ速度で動きながら観察すると、そこには、止まった正電荷だけが存在することになるわけで、正電荷同士は反発するから、2 本の導線は反発し合うことになる——あれれ？　力の向きが逆になってしまった！

　ちょっと解説が必要だろう。まず、同じ向きの電流が引っ張り合うことだが、次のようにして理解できる。

　電流だけしか存在しないので、必要な公式は、

・ローレンツ力　$F = qv \times B$
・マクスウェルの方程式の 4 番目（アンペールの法則）

■パラドックス

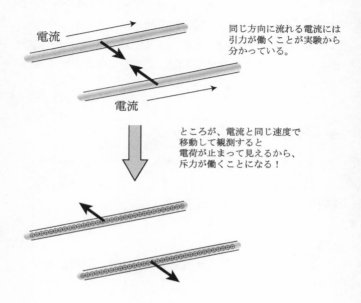

電流

同じ方向に流れる電流には引力が働くことが実験から分かっている。

電流

ところが、電流と同じ速度で移動して観測すると電荷が止まって見えるから、斥力が働くことになる！

の2つだ。

アンペールの法則によれば、電流があると周囲には磁場の回転ができる。磁場は、電流が進む方向に右ねじが回転するように回転する。図でこちら側にある電線が向こう側にある電線のところに作る磁場は、だから、下から上へ向いている。

次に、その上向きの磁場が、向こう側の電流と、どう相互作用するかといえば、ローレンツ力の式により、力の向きは、電流の方向を磁場の方向に重ねるように回転させたときに右ねじが進む方向に等しいので、結局、向こう側の

電線には、こちら側の電線に近づくような力が働くことになる。

　ここら辺、常に右ねじのイメージで考えればよい。

　こちら側の電線に働く力も同様に考えると、最終的に「同じ向きの導線には引力が働く」ことがわかる。

　だが、これは電線に対して止まって観測している場合である。

　もし、電線内を移動する電荷と一緒に動いてしまうと、全電荷は静止して見えるから、今度は、

・ローレンツ力　$F = qE$
・マクスウェルの方程式の 1 番目（ガウスの法則）

の 2 つが必要になる。

　ガウスの法則から、各電荷は周囲に電場を発散するので、電線からは放射状に電場が出てゆくことになる。それが他の電線のところで qE という力を働かせるのだが、それは、電場 E と同じ方向なので、結局、反発力ということになる。つまり、「電線は互いに遠ざけ合おうとする」のである！

　もちろん、この 2 つの考察は、矛盾を孕んでいる。

矛盾

　電線に対して静止して観測すると 2 本の電線の間には引力が働き、電荷と一緒に動いて観測すると 2 本の電線の間には反発力が働く。つまり、観測者が動くことによって、力の向きが逆転してしまう。

その解決法は、相対性理論を考慮することにより、初めて明らかになる。実際、ここでやった考察は、あながち的外れとはいえない。だいたいのところは合っているし、方程式の遣い方も正しいのである。ただ、考察の「詰めが甘い」ために、矛盾が生じてしまったのだ。

　正しい答えは、相対性理論のところまで待っていただくことにしよう。

　さて、『ファインマン物理学』第3巻、第1章の締めの言葉である：

　　人類の歴史という長い眼から、たとえば今から1万年後の世界から眺めたら、19世紀の一番顕著な事件がマクスウェルによる電磁気法則の発見であったと判断されることはほとんど間違ない。アメリカの南北戦争も同じ頃のこの科学上の事件に比べたら色あせて一地方の取るに足らぬ事件になってしまうであろう。

（3巻　1–6　13ページ）

第 2 章

方程式に
秘められた意味

READING
"THE FEYNMAN LECTURES
ON PHYSICS"

The Feynman

"It is a universal condition of the enjoyable that the mind must believe in the existence of a law, and yet have a mystery to move about in"
　　　　　　　　　　　　　　　　　　——James Clerk Maxwell

「法則の存在を信じて探しまわることが幸せなんだ」
　　　　　　　　　　　　　　　　　　——マクスウェル

◆古典物理学のまとめ

　世の中には、新聞をテレビ面から読み始めたり、推理小説の犯人が捕まるところから読み始める人々がいる。それと同じで、ここでは、『ファインマン物理学』第 3 巻の「総まとめ」のあたりに飛ぶことにする。

　今まさに、ウロボロスの蛇が尻尾を飲み込もうとするところなのである。

　ただし、出てくる記号も数学もチンプンカンプンだという前提で、言葉で丁寧に解説してゆくつもりだ。かなり変則的な読み方であることは、私も充分に認識しているので、どうかご心配なく。

　さて、第 18 章のしょっぱなに表がある。

マクスウェル方程式

I. $\nabla \cdot \boldsymbol{E} = \dfrac{\rho}{\varepsilon_0}$ 　　　（閉曲面を通る電束）

$\qquad\qquad = (内部の電荷)/\varepsilon_0$

II. $\nabla \times \boldsymbol{E} = -\dfrac{\partial \boldsymbol{B}}{\partial t}$ 　（ループをめぐる $\boldsymbol{E}$ の線積分）

$\qquad\qquad = -\dfrac{d}{dt}(ループを通る \boldsymbol{B} の流束)$

III. $\nabla \cdot \boldsymbol{B} = 0$ 　　　（閉曲面を通る $\boldsymbol{B}$ の流束）$= 0$

IV. $c^2 \nabla \times \boldsymbol{B} = \dfrac{\boldsymbol{j}}{\varepsilon_0} + \dfrac{\partial \boldsymbol{E}}{\partial t}$

$\qquad c^2(ループをめぐる \boldsymbol{B} の積分)$

$\qquad\qquad = (ループを通る電流)/\varepsilon_0$

$\qquad\qquad\quad + \dfrac{d}{dt}(ループを通る電束)$

┌─ 電荷の保存

$\nabla \cdot \boldsymbol{j} = -\frac{\partial \rho}{\partial t}$　　　（閉曲面を通る電流の流束）

　　　　　　　　$= -\frac{d}{dt}$（内部の電荷）　┘

力の法則

$$\boldsymbol{F} = q(\boldsymbol{E} + \boldsymbol{v} \times \boldsymbol{B})$$

運動の法則

$$\frac{d}{dt}(\boldsymbol{p}) = \boldsymbol{F}, \quad \text{ただし } \boldsymbol{p} = \frac{m\boldsymbol{v}}{\sqrt{1 - v^2/c^2}}$$

（アインシュタインの修正による
ニュートンの法則）

万有引力

$$\boldsymbol{F} = -G\frac{m_1 m_2}{r^2}\boldsymbol{e}_r$$

　これはファインマン先生による「古典物理学総決算」である。

　そうなのである。この小さな表が古典力学そのものだというのである。もちろん、この表を暗記したからといって、それで学校の試験に受かるわけではないが、とにかく必要充分な「まとめ」になっていることはたしかだ。

　上から順に内容を見てゆくことにする。

　まず、第3巻の主題であるマクスウェルの方程式が並んでいる。一番上は「ガウスの法則」と呼ばれるものだ。記号の意味だが、太字の $\boldsymbol{E}$ は「電場（ベクトル）」、$\overset{\text{ナブラ}}{\nabla}$ はギリ

シャ文字のデルタ Δ を上下逆さまにしたものであり「微分ベクトル」、ρ はギリシャ文字のローであり「電荷の密度」、そして ε_0 はギリシャ文字のイプシロンに添え字のゼロがついたもので「電磁気学の定数」である。添え字のゼロは「真空における値」という意味だ。

さて、これらの記号が組み合わさったガウスの法則は、「(右辺の) 電荷が原因となって (左辺の) 電場が生まれる」と解釈することができる。

最初なので、あまり先を急がずにじっくり解説いたしましょう。

電場 $\boldsymbol{E}$ は成分に分解して書くと、

$$\boldsymbol{E} = (E_x, \ E_y, \ E_z)$$

である。これは位置座標 (x, y, z) および時間座標 (t) の関数になっている。だから、精確に書くと、

$$\boldsymbol{E}(t, \ x, \ y, \ z)$$
$$= (E_x(t, \ x, \ y, \ z), \ E_y(t, \ x, \ y, \ z), \ E_z(t, \ x, \ y, \ z))$$

になる。これは、時間と空間の各点ごとに $(E_x, \ E_y, \ E_z)$ という成分を持った 3 次元ベクトルが存在するということである。もっとビジュアル的に説明するのであれば、時間と空間の各点ごとに方向と大きさを持った「矢印」が散らばっているのだと考えることができる。

ちょっと比喩的な説明になるが、たとえば貴方が測量技師だとしよう。貴方の使命はイーエム山 (＝電磁気山：*Mt. ElectroMagnetics*) の全地形をくまなく探索して 1000 分の 1 模型を作ることだ。そこで、貴方は何日もかけてイー

エム山を歩いて測量を重ねる。それから模型の製作にとりかかる。さて、できた模型を眺めてみると、当然のことだが急勾配のところもあれば、緩やかなところもある。ビー玉を持ってきて、急勾配のところに置くと勢いよく転がり落ちるが、緩やかなところではビー玉の勢いはあまりない。数学的に厳密にするため、貴方は、模型の各地点においてビー玉が「1秒で何センチ移動するか」実験してみる。ついでに「どの方向に移動するか」も記録する。そして、山の各地点にビー玉の移動距離と方向を書き込むのである。それは、各地点で別々の長さと方向を持った矢印の群れ、すなわち速度場である。

　フィールド・ワークという言葉があるが、このように各地点に物理量が散らばっている情況は、そう、「場」（フィールド）である。ベクトルが散らばっているならば「ベクトル場」というような言い方もする。

　このような模型づくりが、物理学における電場の測定やグラフ化に相当する。

　電場ベクトルは、速度ベクトルによく似ているが、違う点もある。電場ベクトルは3次元空間のあらゆる点に存在できるし時間的にも変動する。今、貴方の目の前にある電場と1秒前に貴方の前にあった電場とは、様子が全然違っていてもかまわない。速度ベクトルのほうは山の斜面に張り付いていて、地面の中や空中には存在しないから2次元表面の生き物だし、時間が経ってもあまり変わることはない（山崩れでも起きて地形が変化しないかぎり！）。

　それでも電場ベクトルは速度ベクトルというイメージでとらえてかまわない。

　次に「微分ベクトル」を解説しよう。この記号はデルタの逆さまだが「デル」と呼ばれることもある。数学の定義から始めると、

$$\nabla = \left(\frac{\partial}{\partial x},\ \frac{\partial}{\partial y},\ \frac{\partial}{\partial z} \right)$$

という、なんだか奇妙な微分になっている。∂ は偏微分の記号でラウンド・ディー、またはデルと読む（本書は、できるだけ予備知識なしで読めるようにしたいので、微分と偏微分についてもコラムで説明しておきます。よくご存知の方はコラムは読み飛ばしてください）。

---

c o l u m n
微分と偏微分を絵で理解する

　これは図で説明するのが一番だろう。
　まず、普通の微分は、「関数の変化率を求める」ことにあたる。グラフ上では「関数の傾きを計算する」ことにあたる。ようするに「接線」を求めることである。

■無限小顕微鏡

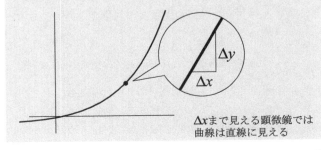

Δx まで見える顕微鏡では
曲線は直線に見える

ある特定の点の傾きを求めることも可能だが、関数形がわかっている場合には、一気にあらゆる点の傾きを計算することができる。それが「微分」にほかならない。

　もっと物理的にわかりやすい説明もできる。微分は「関数を無限大の倍率の顕微鏡で覗いて調べる」ことにあたる。無限大倍率の顕微鏡で関数のある一点を覗くとどう見えるだろうか？　これは、すぐにわかることだが、倍率を上げるにしたがって、関数の曲線は徐々に直線に近づいてゆく。その「極限」は完全な直線であり、その点における関数の傾き、いいかえると「接線」になっている。

　もちろん、現実には無限大の倍率の顕微鏡は存在しない。微分には「極限」という概念がでてくるが、これが「無限大倍率」ということである。

　無限大でない倍率の顕微鏡の場合、解像度は数値で表すことができる。たとえば、

　　$\Delta x = 0.00000000000000001$ センチ

という具合に──。

　ここに出てきた Δ は「有限の微小」という意味である。

　無限大の倍率の顕微鏡の場合、解像度は、もはや数値では表すことができない。

　　dx＝最小の数値よりもさらに小さい ＝ 無限小の数

　微分を発明したのはニュートン（と独立にライプニッツ）であるが、この発明の天才性は、まさに「具体的な数値で表すことができないほど小さな数＝無限

小の数」という概念の飛躍にある。

Δx と dx は質的に違う概念なのである。

この点が理解できれば微分の「意味」が理解できたことになる。

さて、次に「偏微分」である。

■偏微分の図説

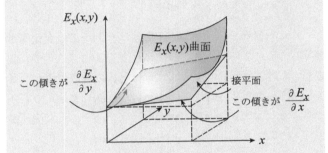

これは概念的にはふつうの微分と変わらない。ちがうのは変数の数が 1 個から複数個に増えたことであり、それにより、「どの方向の接線を求めるのか」という問題が生ずることである。

グラフで言うならば、変数が増えるというのは、関数の曲線が曲面（あるいは頭で想像できない高次の曲面）になるということにほかならない。

x 方向の傾きを求めるのに ∂x という記号を使うが、これを、「x 方向に偏った微分」という意味で「偏微分」というわけだ。物理学的に理解するのであれば、これは、「曲面を x 方向から無限大倍率顕微鏡で覗いて調べる」ことにあたる。

◆温泉と電場は似ている

コラムの解説でおわかりのように、$\partial/\partial x$ は「x 方向の変化率を測定する数学機械」とみなすことが可能だ。すると、$(\partial/\partial x,\ \partial/\partial y,\ \partial/\partial z)$ は、

「x 方向と y 方向と z 方向の変化率を

同時に測定する数学機械」

ということになる。つまり、3 次元ベクトル場の変化率を計算してくれるのである。われわれは ∇ のことを「デル測定器」と呼ぶことにしよう（これは竹内の造語です。ファインマン先生がこう呼んでいるわけではありません！）。

いきなり 3 次元だと難しいので、まずはイーエム山の例で考えてみよう。この場合、デル測定器は、

$$\nabla = \left(\frac{\partial}{\partial x},\ \frac{\partial}{\partial y} \right)$$

と 2 次元になる。貴方はこのデル測定器を持ってイーエム山へと向かう。デル測定器には 3 つのスイッチがついている。今回の測量では「・」というラベルのついたほうのスイッチを入れておく（もう一つのラベル「×」は、すぐ後に出てきます。最後のラベルには何も書いてないが、これは 224 ページに登場します）。

デル測定器を持って山じゅうを探査すると、刻々とデル測定器の目盛りが変わるのに気がつくはずだ。ところが、面白いことに、その目盛りは、必ずしも勾配が急なところで大きくなるとはかぎらない。緩やかな坂でもデル測定器

の目盛りがピョンと跳ねることだってある。探査してまわるうちに、貴方は、デル測定器が何を測定しているのかを理解する。

「そうだったのか！　デル測定器の『・』というラベルのついたスイッチを入れると、矢印そのものではなく、周辺の矢印との差が検出されるのか！」

　いいかえるとデル測定器の「・」スイッチを入れると、ベクトル場の「変化率」が計測されるのである。もっと数学的にきちんと言うのであれば、デル測定器の「・」スイッチは、その測定位置に無限小の測定範囲を設定して、そこから出てゆく矢印とそこに入ってくる矢印の「差」を検出するのである。

　電磁場の測定を行なうのであれば、デル測定器の「・」スイッチは、測定地点の無限小の立方体に出入りする電場の束、すなわち「電束」の「増分」を検出することになる。この増分のことを数学用語では「発散」（*divergence*）と

■発散

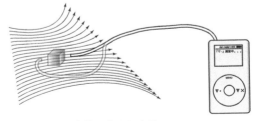

デル測定器は無限小立方体に出入りする
電場の束の増分を検出する。
立方体の出口で電場の束が増えていれば、
立方体の中では電場が発生していることになる。

デル測定器

71

いう。

　つまり、「発散」とは、ベクトル場がその点で「どれくら
い増えるか」という意味なのである。これは発散そのもの
である。

　ここまでくると、ファインマン先生の「まとめ」の一番
上の式の意味が理解できるようになるだろう。

マクスウェルの方程式の第１式

$$\nabla \cdot \boldsymbol{E} = \frac{\rho}{\varepsilon_0} \qquad \text{（ガウスの法則）}$$

意味：測定地点の電場の「発散」は、その地点の無限小
の立方体の中に含まれる電荷の量に比例する

　比例係数は ε_0 の逆数である。

　電荷と電場の発散の関係をイメージ的に説明するなら
ば、たとえば温泉の源と湯の湧き出しとの関係などどうだ
ろう？　まさに「電荷」という名の源泉から周囲に「電場」
が湧き出すのである。

　もちろん、電荷 ρ はプラスの場合もあればマイナスの場
合もある。プラスの場合は電場が「湧き出す」のであり、
マイナスの場合は電場が「吸い込まれる」わけだが、それ
をプラスとマイナスの発散と呼ぶ。

　ここで数学の定義がしっかりしていないと気持ち悪い読
者は、本書の最後にある「数学的な補遺」をじっくりとお
読みいただきたい。

　われわれは、このままイメージ的な理解のまま、先に進

むことにしよう。なぜならば、物理学者の頭の中には数学の定義があることもたしかだが、むしろ、有機的なイメージによって理解しているほうが普通だと思うからだ。

◆ああ、またか！

次に一つ飛ばして、マクスウェル方程式の 3 番目の式を吟味してみる。

$$\nabla \cdot \boldsymbol{B} = 0$$

太字の $\boldsymbol{B}$ は「磁場」である。もうおわかりのように、右辺が常にゼロなので、磁場の発散はない。いいかえると、磁場の発散の源になるような「磁荷」なるものは宇宙には存在しない。

うん？　変ではないか。どんな磁石にも N 極と S 極があるゾ。あれは磁荷とは呼ばないのか？

よくご存知のように、磁石を半分に割っても、片方が N 極でもう片方が S 極になったりはしない。半分こにしても、小さい磁石が 2 つできるだけで、磁石は常に N 極と S 極がペアになっているものなのだ。単独の磁荷（N 極だけ、あるいは S 極だけ）は存在しない。

だから、ある地点の磁場 $\boldsymbol{B}$ をデル測定器の「・」スイッチを入れて測定したら、測定範囲の無限小の立方体には磁場の源が存在しないので、正味の発散はゼロになる（ようするに N と S が常にペアで現れるので、湧き出しの源と吸い込みの源が共存して互いに打ち消し合うのである）。

マクスウェルの方程式の第３式

$$\nabla \cdot \boldsymbol{B} = 0 \qquad （磁荷がないこと）$$

意味：測定地点の磁場の「発散」は常にゼロである

　（仮想的な）単独のＮやＳのことを「磁荷」あるいは「磁気単極子＝モノポール」という。マクスウェルの方程式は全部で４つあって、そのうちの３つには物理学者の名前が冠されているが、この３番目の式には名前がついていない。

　そもそも、地球上の磁石は、すべてＮ極とＳ極がペアになっている。もしも貴方がＮ極だけ（あるいはＳ極だけ）の磁石を発見したら、貴方はノーベル賞をもらうことができる。

　その理由は、磁石の電磁気学的な正体が「原子レベルの円電流」に他ならないからだ。ループ状の微小電流なのである。電流が流れると磁場ができる。それだけのことなのである。

　とはいえ、広い宇宙のどこかにＮ極だけ（あるいはＳ極だけ）のモノポールが存在しないとはかぎらない。実際、
「オレはモノポールを発見した」
という実験物理学者の報告がたまにある。ところが、他の物理学者たちが追試を行なってもモノポールは発見されず、「実験ミス」として片づけられてしまう。私は、モノポール発見のニュースを耳にするたびに、「ああ、またか」と思う。なぜなら、万が一、モノポールが宇宙に微量だけ

存在するとして、実験にかかる確率が極端に低いなら、仮に誰かがモノポールを発見しても、おそらく追試は難しいだろうから。

　宇宙のどこからか、ときたま、地球にモノポールが飛んできて、運のいい（悪い？）物理学者の検出装置に引っ掛かる。だが、次にモノポールが飛んでくるのは何十年も先のことなのだ。

　そんな可能性がある。

　もちろん、こればかりは、最初からモノポールなど存在しない、という可能性もあるわけで、なかなか決着はつきそうにない。

　ただし、理論的な観点からは、「モノポールが存在すると電荷が量子化されていることが説明できる」という利点もある。量子化というのは、単独で観測されている素粒子の電荷が全て電子の電荷の整数倍になっていることを指す。この世のどこかに電子の 1.3 倍とか π 倍の電荷があっても別におかしくはない。しかし、モノポールがあればそんなことはないというわけだ。

　数学的な美を愛した物理学者のディラック卿は、量子力学の発展に大きく寄与したことで有名だが、「モノポールが存在すれば電荷は量子化される」という古典的な論文も理論物理学のロングセラー（？）として残っている。仮に宇宙に1個でもモノポールが存在すると、自動的に電荷は量子化されるというのである。

モノポールが存在するのではないかという期待はマクスウェルの方程式の対称性からも生まれる。$\nabla \cdot \boldsymbol{B} = 0$という式が $\nabla \cdot \boldsymbol{B} = \rho_m$ に変わったとしよう（ρ_m は磁荷密度）。すると、マクスウェルの方程式は、電場 $\boldsymbol{E}$ をすべて磁場 $\boldsymbol{B}$ に、そして磁場 $\boldsymbol{B}$ をすべてマイナスの電場（$-\boldsymbol{E}$）に、さらに電荷密度 ρ と磁荷密度 ρ_m を取り換えても元のマクスウェルの方程式になる。

　つまり、電場と磁場の役割を取り換えても方程式が不変になるのである。

　物理学者は対称性を好むので、宇宙のどこかにモノポールが存在すると気分がいいのである。

column
・と × の意味

　微分ベクトルの ∇ ではなく、通常のベクトルの演算にも「・」と「×」は登場する。それぞれ「内積」と「外積」と呼ばれている。

　2つのベクトル $\boldsymbol{A}$ と $\boldsymbol{B}$ の内積 $\boldsymbol{A} \cdot \boldsymbol{B}$ は、2つのベクトルが「どれくらい平行か」を数値として吐き出す。機械的なイメージでは、内積という数学機械は、2つのベクトルを入れると（ベクトルではなく）ふつうの数を出力するのである。具体的には、3次元の場合、

$$A = (A_x, A_y, A_z)$$
$$B = (B_x, B_y, B_z)$$
$$A \cdot B = A_x B_x + A_y B_y + A_z B_z$$

が内積の定義である（高校でやるのでご存知の人も多いだろう）。つまり、内積というのは、片方のベクトルを「縦」にして掛け算をすることなのである。

$$A \cdot B = (A_x \ A_y \ A_z) \begin{pmatrix} B_x \\ B_y \\ B_z \end{pmatrix}$$

　この縦の行列で書いたベクトルのことを「フォーム」と呼ぶことがある。イーエム山の速度ベクトルのイメージで説明するのであれば、ベクトルは矢印で表すことができるのに対して、フォームは等高線と考えることができる。長い矢印に相当するのは間隔が密な等高線である。もちろん、ベクトルを成分で書いて、横行列を縦にしたからといって物理学的な中身は変わらない。

　内積は 2 つのベクトルが「どれくらい平行か」を測定する。たとえば平行なベクトル (1, 0, 0) と (1, 0, 0) の内積は 1 なので「完全に平行」ということになるし、垂直なベクトル (1, 0, 0) と (0, 1, 0) の内積は 0 なので「完全に平行でない」ということになる。

　ただし、掛け算であることに変わりはないので、その大きさについてはふつうの掛け算になっている。つまり、

・内積＝掛け算に平行測定が混ざったもの

と考えることができる。

　次に外積を考えてみよう。

外積は（内積とちがって）2つのベクトルを入れると別のベクトルを吐き出すような数学機械である。外積は基本的に「回転の大きさ」を表す。その定義は、

$$A \times B = (A_y B_z - A_z B_y,\ A_z B_x - A_x B_z,\ A_x B_y - A_y B_x)$$

である。なんだろう、コレ。

よくわからないので、平行なベクトル $(1, 0, 0)$ と $(1, 0, 0)$ を入れてみると $(0, 0, 0)$ になるし、垂直なベクトル $(1, 0, 0)$ と $(0, 1, 0)$ を入れてみると $(0, 0, 1)$ になることがわかる。つまり、x 方向の単位ベクトルと y 方向の単位ベクトルを入れると z 方向の単位ベクトルになるのである。これは、右ねじの $\oplus$ の部分の縦を x 軸、横を y 軸と考えると、x 軸を y 軸に重ねるように右に回したときにねじが z 軸方向に進むのだと考えることができる。

■内積と外積

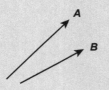

内積は掛け算に
「平行の度合い」が混ざったもの

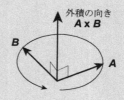

外積は掛け算に
「回転の度合い」が混ざったもの

だから、外積は、右ねじの回転を表すのである。いいかえると2つのベクトルによってつくられる回転の

大きさを計算するのである。

・外積＝掛け算に回転の要素が混ざったもの

　なお、xy 平面の回転の「回転軸」は平面から「外」に出た z 軸になることから、「外積」という名前の由来も想像がつくであろう。

◆場は回るよ、どこまでも

　さて、次に貴方はデル測定器の「×」というラベルのついた 2 番目のスイッチを入れてみる。今度は測定範囲は立方体から「輪」（ループ）になる。場の「回転」を検出するモードである。

　今度は山の地形の例ではイメージしにくいので、潜水艦

■回転

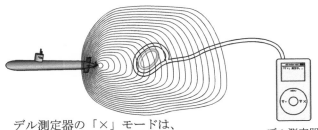

デル測定器の「×」モードは、
測定地点の周囲の無限小のループに沿った
回転を検出する。

デル測定器

のスクリューを考えてみよう。スクリューが回転すると、その周囲に水流の渦ができる。スクリューが回転しないと渦はできない。

デル測定器の「×」モードは、測定地点の周囲の無限小のループに沿って回転場を検出するのである。

そこでマクスウェルの方程式の第2式に目を転じてみる。

$$\nabla \times \boldsymbol{E} = -\frac{\partial \boldsymbol{B}}{\partial t}$$

右辺は磁場 $\boldsymbol{B}$ の時間変動であり、マイナス符号がついている。すなわち、磁場 $\boldsymbol{B}$ が時間とともに強くなるとき、この右辺はマイナスであり、逆に磁場 $\boldsymbol{B}$ が時間とともに弱くなるとき、右辺はプラスなのである。

左辺は電場 $\boldsymbol{E}$ の回転だ。ということは——。

マクスウェルの方程式の第2式

$$\nabla \times \boldsymbol{E} = -\frac{\partial \boldsymbol{B}}{\partial t} \qquad （ファラデーの法則）$$

意味：測定地点の電場は、その地点の無限小のループ内の磁場の増減と「反対」に「回転」する

ベクトル同士の掛け算（×）で表される「回転」は、（コラムにあるように）右ねじをイメージして回転方向を決めている。それは定義の問題であり、一貫して矛盾のない定義を用いているかぎり問題はない。

今の場合、時計回りの回転を「プラスの回転」、反時計回りの回転を「マイナスの回転」と定義しておく。その意味

は、回転を考える場合、常に座標軸のプラスの側からの目線で見て、右回転をしていれば「プラスの回転」と考えるのである。

　ということは、ファラデーの法則の意味するところは、

「ループ内の磁場が増えつつあると電場が左回転する」

　そして、同じことだが、

「ループ内の磁場が減りつつあると電場が右回転する」

ということなのだ。

　よろしいでしょうか？

イメージ

　空間を電場という名の媒質が充たしていると仮定する。そこに磁場という名の右ねじを入れてゆく。右ねじは右回りに旋回しつつ媒質に食い込んでゆく。ということは媒質のほうは（相対的に）左回りに回転し始める。

　逆に右ねじを媒質から「抜く」ときには、ねじは左回転をし、媒質は右回転をすることになる。ようするに回転の向きが逆さまになるのである。

　大変恐縮だが、実は、このようなイメージは諸刃の剣である。このような「モノ」を使ったイメージには限界があるからだ。『ファインマン物理学』第 3 巻には、繰り返し、こういった具体的なイメージではなく「方程式へ帰れ」というファインマン先生の箴言がでてくる。

　とはいえ、ファインマン先生自身は、さまざまな（物理学的に正しい）アナロジーで電磁気学を解説しているの

で、いまさらながら「学問の理解」と「イメージ」について深く考えさせられるのである（次の次の節でご紹介いたします）。

　さあ、マクスウェルの方程式の最後を見物してみよう。

$$c^2 \nabla \times \boldsymbol{B} = \frac{\boldsymbol{j}}{\varepsilon_0} + \frac{\partial \boldsymbol{E}}{\partial t}$$

　これは1式と2式を合わせたような恰好をしている。右辺には電流 $\boldsymbol{j}$ と電場 $\boldsymbol{E}$ の時間変動がある。ちょっと変な感じがするが、よくよく考えてみると、電流とは「電荷の動き」のことであり、電場があると電荷は動くのだから、この2つの概念は酷似している（次の次の次の節で解説いたします）。

　左辺に目を転ずると光速 c があることに気がつく。c の値は約30万キロメートル毎秒である（1秒間で地球を7周半してしまう）。この c の意味については、のちほど明らかになる。

　まとめてみよう。

マクスウェルの方程式の第4式

$$c^2 \nabla \times \boldsymbol{B} = \frac{\boldsymbol{j}}{\varepsilon_0} + \frac{\partial \boldsymbol{E}}{\partial t} \qquad （アンペールの法則）$$

意味：磁場は、電流もしくは電場の時間変動があると「回転」する

◆ファインマンのナイフ

　駆け足でマクスウェルの方程式の「意味」を見てきたが、残りの「古典物理学」についてもざっと解説してしまおう。

　電荷の保存式

$$\nabla \cdot j = -\frac{\partial \rho}{\partial t}$$

は、たとえば目の前に無限小の立方体を考えたとき、そこから外に電流が「発散」すると、その分、立方体の中の電荷が減少する、ということである。ある意味あたりまえである。電流とは電荷の動きのことなのだから。

　だが、学校でこの式を教えていると、必ずといっていいほど質問がでるのである。

　ファインマン先生も誰かに質問されたらしく、次のように書いている。

　　"この点で電荷が急につくられたら何が起こるか——どんな電磁現象が起こるか"という疑問に答える物理法則はない。答えられないのは、われわれの方程式によればそういうことは起こらないからである。もし起こることがあるとすれば、新法則が必要であろう。しかしそれがどんなものであるかは言われない。われわれは電荷保存がないと世界はどんなになるのか見る機会がなかった。われわれの方程式に従えば、ある点にとつぜんに電荷をおくとき、それはどこからか持ってきたものである。このばあいなら、何が起こるか答えられる。

　　　　　　　　　　　　　　　（3 巻　18–1　231 ページ）

以上が電磁気学の「すべて」である。これ以上でもこれ以下でもない。

　ファインマン先生は、第1章において、まず言葉によるマクスウェルの方程式の説明をして、終わり近くの第18章において、今度は完全に数式によるマクスウェルの方程式の説明をして、きれいにまとめてくれている。

　ここで他の教科書との比較において、一つだけ注意が必要だ。

　それは、電磁気学に登場する定数の問題だ。ファインマン先生は、光速 c と ε_0 の2つしか使っていない。ところが、他の教科書では、このほかに μ_0 という記号を用いて、

$$\varepsilon_0 \mu_0 = \frac{1}{c^2}$$

という関係を載せていることが多い。

　ファインマン先生の科学思想の一つの特徴は、「行きすぎない程度に無駄を省く」という点にあるような気がする。哲学の世界では、こういうのを（哲学者ウィリアム・オッカムにちなんで）「オッカムの剃刀」と呼ぶ。たとえば、本書のトリとして読むことになる「最小作用の原理」も無駄を削ぎ落として「作用」という物理量を最小にする、という意味で同じ思考パターンだといえる。電磁気の定数として一貫して ε_0 を用いているのも、（用いる必要のない μ_0 を導入することによる読者の混乱を防ぐという意味で）やはり思考の経済という側面が出ている。

　とはいえ、ファインマン流の物理学は、無駄な部分を削ぎ落としても、肝心の「果実」は残っているから、有機的で美しいイメージが香水のように漂っている。それは、ど

こか、剃刀よりも芸術的なナバホ族のナイフを思い起こさせる。

　まさに「ファインマンのナイフ」である。

◆イメージすべきか、せざるべきか、それが問題だ

　まず最初に言っておくと、ファインマン先生の講義は、きわめてイメージ的だ。他の教科書と違って、彼が「世界をどう見ているのか」が、ひしひしと伝わってくるし、数式の羅列ではなく、生き生きとした言葉による説明が効いている。さらには豊富なアナロジーが紹介され、読者（生徒）は、知らず知らずのうちに物理学的な感性で世界を解釈できるようになる。

　ところが、ファインマン先生は、電磁気学の初期においてなされていたような「モデル化」を拒むのである。

　前々節で私は右ねじの進みによって周囲の媒質が回転する、というような解説を試みたが、あれをもっと推し進めると、しまいには「歯車」のような力学的な模型によって電磁気学を説明したくなってくる。ところが、当然のことながら、そのようなリアルな歯車は実在しないのである。

　電磁気学は根本的に「相対性」が前面に出た理論だ。たとえば、マクスウェルの方程式の第 4 式（アンペールの法則）の左辺には光速 c が入っている。光速 c はアインシュタインの相対性理論を特徴づける定数である。それが電磁気学の基礎方程式に出てくるからには、電磁気学は相対性

理論と密接に関係しているに違いない。

　実際、そうなのである。

　そして、相対性理論においては、観測者と観測対象の相対速度により、観測結果が違ってくる。目の前にある同じ電磁場を観測していても、私はそこに「電場だけがある」と言い、（私に対して等速運動をしている）貴方は「磁場だけがある」と言う。つまり電場も磁場も物理学的な「実体」ではないのだ。だから、歯車のような模型による実体化は矛盾を生ずることになる。私には歯車が見えて、貴方には歯車が見えない、というのは変だからである。

　電磁場は「モノ」（＝実体）ではない。電磁場は「コト」（＝現象）なのである。観測者の運動状態によって現象の見え方は異なってくる。

　ここでファインマン先生の哲学が読み取れる文章を引用してみよう。

　　マクスウェルの時代には抽象的な場を使って考える習慣はなかった。マクスウェルは弾性体のような真空を考えるモデルを使ってその考えを議論した。また力学模型を使って新しい方程式の意味を説明した。彼の理論はなかなか受け入れられなかったが、それは第一にそのモデルのため、第二に最初のうち験証がなかったためである。今日ではわれわれは大切なのは方程式自身であり、それを得るために使ったモデルでないことをよく知っている。問題とするのは方程式が正しいかどうかである。その解答は実験をすれば出てくる。

　　　　　　　　　　　　　（3巻　18–1　230 ページ）

　いかがだろう？　もともと「モノ」で模型化できないような代物を無理に模型化しようとしたために、マクスウェルの理論は周囲から理解されるのに時間がかかった、というのである。

業績が評価されなかった？　マクスウェル

　ジェイムズ・クラーク・マクスウェル（1831–1879）はスコットランドの物理学者だ。

　ケルヴィン卿のアドバイスにより、マクスウェルは、ファラデーやアンペールといった当時の電磁気学の権威たちの論文を読んで、「ファラデーの力線について」（1856）という論文を書き上げた。この論文では、力線は仮想上のチューブを流れる流体としてイメージされた。次いで、「物理的な力線について」（1861）では、本書の第１章に出てきたような歯車のイメージが使われた。しかし、モノを使ったモデルは次第に影を潜め、その集大成である「電気磁気論」（1873）においてマクスウェルの方程式が完全に数学的な理論として確立された。

　ファインマン先生が、モデルと検証がネックとなってマクスウェルの業績が評価されなかった、と書いて

いるのは、歴史的な事実だ。今でこそ、マクスウェルは「電磁気学を完成させた漢(おとこ)」として科学史において燦然(さんぜん)たる光を放っているが、その理論の重要性が周囲に理解されるまでには、マクスウェルの死後、長い時間がかかったのである。

　一つだけ付け加えるのであれば、マクスウェルが提出した方程式は、現在の教科書のようなベクトルの簡潔な形では書かれておらず、その意味を理解するのが（数学的に）難しかった点も、その評価が遅れた一因だといえよう。

　マクスウェルは、電磁気学のほかにも、熱力学の「マクスウェルの悪魔」として名を残している。熱力学の第2法則は、別名「エントロピー増大の法則」とも呼ばれ、宇宙が徐々に乱雑な方向に向かって進んでゆく、という内容なのだが、マクスウェルの悪魔は、仮想的な小悪魔で、世界が乱雑になろうとする傾向に逆行するような作業を行なう。現在ではマクスウェルの悪魔はいないことがわかっているが、マクスウェルの提出した思考実験は、熱力学の発展に大いに寄与した。

どんな意味であれ正確な電磁場の絵など想像できない。私が電磁場を知ってから長い——25年まえ私は諸君と同じようだった、そして私はこの波のうねりについて25年余計に考える経験をもっている。私が空間を伝わる磁場を記述しようとするとき、私は E 場や B 場の話をして腕を波うたせるので、諸君は私にそれが見えると想像するだろう。私に何がみえるか言おう。私にはぼん

やりした影のような、くねった線がみえる——そここ こに E と B がその上に何とか書いてあり、恐らく線のど れかは矢印をもっている——私があまり近よってみよう とすると、ここの矢またはあそこの矢が消失する。空間 をさっとすぎて行く場というとき、私は物を記述するた めに使う符号と物そのものとのひどい混乱をひきおこ す。ほんとうの波に大体でも似ている絵を描くことも実 はできない。従ってもし諸君がこのような絵を描くこと をむずかしいと思っても、諸君の困難が特別だと気にす る必要はない。

（3 巻　19–3　252 ページ）

　次は、ファインマン先生が「場」というものをどのよう に頭に思い描いていたのかがわかる文章である。
「模型化できない電磁場という代物を具体的にどうやって イメージしたらいいか？」
という問題について、ファインマン先生は、きわめて正直 に自分の頭の中で起きていることを学生に告白している。
　この件は、物理学を学ぶ人間にとっては、励みになるの ではなかろうか。なぜならば、天才ファインマンにして、 25 年の歳月を経ても、なお、電磁場を具体的にイメージで きない、というのであるから。
　それでは、電磁場は「わからない」のかといえば、むろ ん、そんなことはない。『ファインマン物理学』第 3 巻に おいて、さまざまな角度から電磁場は解体されて、その真 の姿を読者の前にさらけ出す。ただ、「何か一つの方法」に よって電磁場をイメージすることなど不可能なのであり、

われわれは、そのことを肝に銘じてファインマン先生の講義に耳を傾けなければならない。

◆電磁波ってどうやって伝わるんだろう

マクスウェルの方程式の第2式と第4式に戻ろう。

$$\nabla \times \boldsymbol{E} = -\frac{\partial \boldsymbol{B}}{\partial t} \qquad \text{ファラデーの法則}$$

（第2式）

$$c^2 \nabla \times \boldsymbol{B} = \frac{\boldsymbol{j}}{\varepsilon_0} + \frac{\partial \boldsymbol{E}}{\partial t} \qquad \text{アンペールの法則}$$

（第4式）

　まず、第4式「アンペールの法則・拡大版」から考えることにする。なぜ「拡大版」と呼んだかといえば、もちろん、磁場の源として電流 $\boldsymbol{j}$ のほかに電場 $\boldsymbol{E}$ の時間変化が関与するからである。電場 $\boldsymbol{E}$ の時間変化のことを「変位電流」と呼ぶ。この余分な項はアンペールが気づかず、電磁気学を完成させたマクスウェルが初めて導入したものである。この変位電流の存在に気づいたのがマクスウェルの天才たるゆえんである。

　右ページの図のようなシチュエーションを考える。

　時間ゼロで無限に大きい平面に上向きに電流が流れ始めたとする。具体的には、プラスに帯電したシートとマイナスに帯電したシートを重ねておいて、時間ゼロにプラスのシートだけを上向きに速度 v で動かし始める。それは平面電流と同じことになる。時間ゼロ以前は、2枚のシートは、

■平面電流による磁場と電場の発生

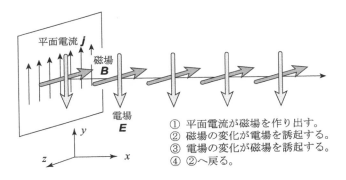

① 平面電流が磁場を作り出す。
② 磁場の変化が電場を誘起する。
③ 電場の変化が磁場を誘起する。
④ ②へ戻る。

電荷が相殺するから、電気的に中性である。正味の電荷がないので電場もない。

　電流 j が流れ始めると、アンペールの法則により磁場 B が生まれる。

　この磁場 B は、いったいどのように周囲に拡がるだろうか？

　平面電流による磁場 B は一様な大きさであることがわかっている（123 ページ参照）。

　だが、時間ゼロの瞬間には、平面のすぐ近くにしか磁場はないはずだ。

　今、ここで電流を流したからといって、瞬時に宇宙の果てまで磁場で充たされることはない。もし、そんなことが可能なら、人類は宇宙の果てにいるかもしれない ET とリアルタイムで交信が可能になってしまう。実際には、たとえば火星探査船と地球とでは、電磁波を用いた交信に 10 分ほどの時間のズレが生じる。磁場も徐々に周囲へと拡

がってゆくに違いない。

　さて、磁場 B が徐々に拡がるということは、時間変動する、ということに他ならない。すると、マクスウェルの方程式の第2式のファラデーの法則により、今度は電場 E が生まれる。ところが、その電場も一気に空間を充たすわけではなく、徐々に周囲に拡がってゆく。つまり時間変動する。すると、今度は、マクスウェルの方程式の第4式、拡大版のアンペールの法則により、電場の時間変動が磁場を生む。

　実際には、以上のことは、ほぼ同時に起きるため、

まとめ
　時刻ゼロに平面電流をオンにすると、磁場と電場が空間を徐々に伝播し始める。

ということになる。

　定量的なことは、マクスウェルの方程式を解かなければわからない。定性的なことは、このように方程式の意味を考えるだけで理解することが可能なのである。

　さて、ここで一つ面白いことが判明する。

　ファインマン先生は、まず、ファラデーの法則を図のようなループに適用する。

　これは前に出てきた図を横（z 軸のプラス側）から眺めた図である。$x = 0$ のところに平面電流がある。磁場 B は平面の左では紙面から飛び出すような方向、平面の右では紙面に突き刺さるような方向になっている。電場 E は平面から始まって、右と左にじわじわと拡がってゆく。電

■平面電流による電磁場の方向

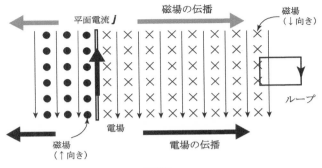

側面図

場 E は下向きである。

　この方向はどうやって決まるのだろう？

　生成される電場 E の方向を知るために、図のようなルー
プを考えるわけだ。ループは右回りと約束しておく。平面
からやってきた磁場 B が徐々にループ内を充たしてゆく。
磁場 B は時間とともに増大しているので時間変動 $\partial B/\partial t$
はプラスだが、ファラデーの法則の右辺にはマイナス符号
がついているので、右辺は最終的にマイナスになる。

　そこで、電場 E の「回転」がどうなるかであるが、右
辺のマイナスにより、右回りのループと逆向きになるはず
だ。だから、ループの左辺に注目すると、電場 E は下向き
でなくてはならない（ループの右辺には、この時点では、
まだ磁場も電場も到達していないので場はゼロである）。

　次にファインマン先生は、マクスウェルの方程式の第 4
式を図のようなループに適用する。

　今度は最初の図を真上から見た平面図である。生成され

■平面電流による電磁場の方向

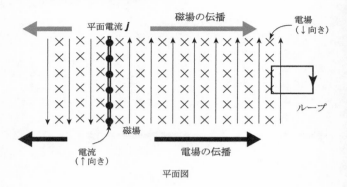

平面図

る磁場 B の方向を考えるために、右回りのループを考える。本来、拡大版のアンペールの法則の右辺には、電流 j と変位電流 $\partial E/\partial t$ があるわけだが、今考えているループの中には電流 j は存在しないので、変位電流だけを考えればよい。ループ内を徐々に電場 E が充たしてくるので、その時間変動はプラスになる。だから、磁場 B の「回転」は、ループと同じ方向になる。ループの左辺に注目すると、これは、磁場が紙面の下から上へと向かう方向である（ループの右辺には、この時点では、まだ電場も磁場も到達していないので場はゼロである）。

　こうやって、マクスウェルの方程式の意味を逐一「追う」ことにより、電場と磁場が周囲に伝わってゆく様子が理解できる。

　今の場合、正味の電荷は存在しないし、平面から離れた空間には電流 j は存在しない。つまり、電荷も電流もない空間であるにもかかわらず、電場と磁場が徐々に遠くへと

伝播してゆくのである。

これが「電磁波」の仕組みなのである。

　　場は "羽ばたいた"。源とは一切のつながりがなくなっ
　　て、自由に空間を伝わってゆく。毛虫が羽化して蝶に
　　なったのだ!

　　　　（原書第 2 巻　18–4　竹内訳（岩波版 3 巻 237 ページ））

◆電磁波はなぜ光速か

　ここまでは微分の概念をベクトルにまで拡張した「∇·」
と「∇×」という演算子が、それぞれ「発散」および「回
転」という意味を持つのだと考えて、マクスウェルの方程
式のふるまいを見てきた。

　その詳しい数学的な説明は、巻末の補遺にゆずり、ここ
では次元解析の手法を用いて計算を見積もってみることに
しよう。

　次元解析というのは物理学に特有の計算技法で、計算の
詳細には立ち入らずに「おおまかな当たりをつける」のに
用いる。

　とはいえ、ここでは、さほど大袈裟なものではなく、メー
トルとか秒といった次元（単位ともいう）を考察すること
によって答えを考えてみるだけである。

　電磁波のふるまいを考えたときには、マクスウェルの方
程式の第 2 式「ファラデーの法則」と第 4 式「アンペール
の法則」を使った。ファラデーの法則の右辺には「∂/∂t」

という微分があり、左辺には「$\partial/\partial x$」などという微分がある。だから、図式的には、

$$\frac{\partial \boldsymbol{E}}{\partial x} = \frac{\partial \boldsymbol{B}}{\partial t}$$

なのであり、左辺の「分母」の ∂x を両辺にかけると、

$$\boldsymbol{E} = \left(\frac{\partial x}{\partial t} \right) \boldsymbol{B}$$

つまり、

$$\boldsymbol{E} = v\boldsymbol{B} \tag{18.10}$$

ということになる（距離 $x \div$ 時間 $t =$ 速度 v）。

なんといい加減な！ と数学者に怒られるかもしれないが、厳密に計算しても答えは同じになる（厳密に計算する、というのは、微分形で書かれているマクスウェルの方程式を積分すること）。

ここに出てきた速度 v は、もちろん、平面から出た磁場 $\boldsymbol{B}$ が空間を伝わる速さのことである。

次に、拡大版アンペールの法則で電流 j がゼロのとき、方程式は、図式的には、

$$c^2 \frac{\partial \boldsymbol{B}}{\partial x} = \frac{\partial \boldsymbol{E}}{\partial t}$$

となるので、やはり、左辺の「分母」の ∂x を両辺にかけて、

$$c^2 \boldsymbol{B} = \boldsymbol{E}v \tag{18.13}$$

と書くことができる。この結果もきちんと計算した場合と同じ答えである。

ここで電場 $\boldsymbol{E}$ と磁場 $\boldsymbol{B}$ の関係が 2 つの式で表されてい

るが、いったい、どういうことだろう？

　マクスウェル方程式は E と B の比をきめる。式 (18.10) と (18.13) から

$$E = vB \quad \text{と} \quad E = \frac{c^2}{v}B.$$

ちょっと待った。比 E/B に二つのちがった条件がある。われわれののべたような場は現実に存在できるのだろうか。もちろん二つの方程式が成り立つことのできる速さは、$v = c$ ただ一つである。波面は速さ c でうごかねばならない。こうして電流の電気作用が有限の速度 c で伝わる例が得られた。

（3 巻　18–4　236–237 ページ）

　ファインマン先生の説明は明快だ。マクスウェルの方程式は、電磁波を予言し、なおかつ、その速度が光速 c であることも予言するのである。

　もっと話の筋をはっきりさせておくと、マクスウェルの方程式には、2 つの定数があって、どちらも実験によって決まるようになっている。第 1 式「ガウスの法則」を使った実験から ε_0 が決まり、第 4 式「アンペールの法則」を用いた実験から c^2 が決まるのである。具体的には、2 つの静止電荷の間に働く力 F の測定と、2 本の電線の間に働く力 F の測定を行なえばよい。

　ここで次のような疑問が生じるかもしれない。

「マクスウェルの方程式には最初から光速 c が入っているではないか。これでは循環論法ではないのか？」

実はもともとの方程式では $\varepsilon_0 c^2$ は $1/\mu_0$ という別の定数になっていたのである。そして、上述の実験から $1/\varepsilon_0 \mu_0$ が光速 c の 2 乗と合致することが判明したのである。

　マクスウェルがはじめて彼の方程式を使ってこの計算をしたとき、電場と磁場のかたまりがこの速さで伝わるはずだと言った。彼はまたこの値が光の速さと同じという不思議な一致も注意している。彼はいう、"光が、電気や磁気現象の原因であるのと同じ媒質の横振動であろうという推論をほとんどさけるわけにいかない"。
　マクスウェルは物理学の大統合の一つをなしとげた。彼以前には光があり、電気、磁気があった。後の二つはファラデー、エルステッド、アンペールの仕事で統合された。そこへ突然、光は "別のもの" ではなく、新らしい形態の電磁気——一片の電場と磁場が自分で空間を伝播するもの——にすぎないものとなった。

（3 巻　18–5　238 ページ）

第 3 章

見えないものを
見る

READING
"THE FEYNMAN LECTURES
ON PHYSICS"

The Feynman

「場があるということは、物があるとは思わないことが大切ですよ。（中略）物というのは非常に素朴実在論的なものです。場というのはそういうものとおよそ違う別のものです。」

――湯川秀樹

◆静かなる電磁気学

　さて、前章において、われわれは電磁気学の基礎方程式をすべて見てしまった。

　それでは、これで話は終わりなのかといえば、もちろん、そんなことはない。基礎方程式の一般論を理解することは「エッセンス」という意味では必要かつ充分だが、その全体的な拡がりを実感するには、どうしても「簡単な場合」の具体例を見なくてはならない。

　そこで、この章では、時間変動のない場合から始めて、少しずつマクスウェルの方程式の実像に迫ってみたい。

　　この方程式で記述される状態は非常に複雑なものであり得る。複雑な場合を扱う前に割合単純な場合をまず考え、その扱い方を勉強することにする。一番扱いやすい場合は時間に全く関係のない――静電磁気学といわれる――場合である。

　　　　　　　　　　　　　　　　（3 巻　4–1　40 ページ）

「この方程式」とはもちろんマクスウェルの方程式である。この方程式から時間変動の部分をなくしてしまうと、静電場と静磁場の方程式になる。

$$\text{静電場}\qquad \nabla \cdot \boldsymbol{E} = \frac{\rho}{\varepsilon_0}$$

$$\nabla \times \boldsymbol{E} = 0$$

静磁場 $\quad \nabla \times \boldsymbol{B} = \dfrac{\boldsymbol{j}}{\varepsilon_0 c^2}$

$$\nabla \cdot \boldsymbol{B} = 0$$

この方程式を眺めて、ファインマン先生は、次のように述べている。

電荷も電流も時間的に不変である限り電気と磁気とは別々の現象である

(3巻 4–1 40 ページ)

これが時間変動のない電磁気学の最大のポイントだ。

つまり、静的なマクスウェルの方程式は、きれいに2つの部分に分かれてしまうのである。電場の方程式と磁場の方程式である。だから、時間変動を考えないときは、電気学と磁気学という全く別の現象が存在するとみなして、毫も問題が生じない。逆にいえば、人類は、最初に時間変動が少ない電磁気現象に気がついたために、長い間、電場と磁場を別々の現象と考えてきた。そのため、この2つが（本当は）切り離せない関係にあるなどとは、思いも寄らなかったのである。

静的なマクスウェルの方程式の最初の2つはガウスの法則とファラデーの法則だが、時間変動がないので、それぞれ、

「電荷 ρ が電場 $\boldsymbol{E}$ の発散を決める」

および、

「電場 E は回転しない」

という内容になる。

　同様に、後の 2 つの式は、

「電流 j が磁場 B の回転を決める」

および、

「磁場 B は発散しない」

という内容になる。

　電場は発散するだけであり磁場は回転するだけ。まず
は、この単純明快な区分けを頭に叩き込んでいただきた
い。ただし、これはミクロの視点での話なのであり、たと
えば本書の第 4 章に出てくる面電流のまわりの磁場のよう
に「回転しているようには見えない磁場」も存在するので
注意が必要だ。

　いくつか補足をしてから、実際の静電場の計算に入るこ
ととしよう。

　補足の第一は、電荷 q と電荷密度 ρ の関係である。

　　電荷が電子とか陽子とかいうかたまりになっている事
　実を無視して、連続的にぬりつぶされてひろがっている
　と考えると便利なことが多い。これは "分布" とよばれ
　る。ごく小さいスケールで起こっている事象を問題とし
　ない限りこう考えても差支えない。電荷分布を表すのに
　"電荷密度" $\rho(x, y, z)$ を使う。点 (2) にある小体積 ΔV_2
　内の電気量を Δq_2 とすると、ρ は

$$\Delta q_2 = \rho(2)\Delta V_2 \qquad\qquad (4.15)$$

で定義される。

（3 巻　4–2　42–43 ページ）

　実をいえば、たとえば電子には大きさがないと考えられているので、本当は微妙な問題があるのだが、とにかく、「密度」という考えを導入するのである。そうすれば、微分や積分といった数学操作がしやすくなって計算上も便利なのだ。

　補足の第二は「電位」の概念だ。これは電場の「等高線」である。

　例をあげてみよう。

　重力場において、標高差 x の低地から高地へと重さ m の物体を運ぶと重力ポテンシャル mgx をえる。これを x で微分すると mg になるが、これは力 F にほかならない。すなわち、

$$\text{力} \underset{\text{微分}}{\overset{\text{積分}}{\rightleftarrows}} \text{ポテンシャル}$$

という関係があるのだ（ただし、符号は逆）。力 mg がかかっている物体を、エンヤコラサと山の上にまで運ぶ。その「仕事」がポテンシャルとして物体に潜在的に蓄えられる。潜在的な仕事能力ということで「ポテンシャル」というわけだ。そのポテンシャルを解き放ってやれば、もちろん、物体は高さ x の地点から落ちてきて高さゼロの地点では mgx に相当する運動エネルギーを持つことになる。

　電場の場合も話は同じである。ただし、力 $\boldsymbol{F}$ と電場 $\boldsymbol{E}$ は、$\boldsymbol{F} = q\boldsymbol{E}$ の関係で直結しており、電磁気学では $\boldsymbol{F}$ よりも場 $\boldsymbol{E}$ に重点をおいて論ずることが多いので、ポテンシャル ϕ との関係も q を除いて、

$$場\ \boldsymbol{E} \xrightleftharpoons[\text{微分}]{\text{積分}} ポテンシャル\ \phi$$

と定義する（ただし、符号は逆）。式で書けば、

$$-\int_a^b \boldsymbol{E} \cdot d\boldsymbol{s} = \phi(b) - \phi(a)$$

　あるいは、無限遠の点を基準にとって、そこのポテンシャルをゼロと定義すれば、

$$\phi(b) = -\int_\infty^b \boldsymbol{E} \cdot d\boldsymbol{s}$$

　この式を静電位と呼ぶが、もちろん、静電ポテンシャルという言葉でもかまわない。本書では気にせずごっちゃに使うことにする。

　以上が場を積分するとポテンシャルになる、という式なわけだが、逆にポテンシャルを微分すると場になるという式は、

$$\boldsymbol{E} = -\nabla\phi = \left(-\frac{\partial \phi}{\partial x}, -\frac{\partial \phi}{\partial y}, -\frac{\partial \phi}{\partial z} \right)$$

と書くことができる。

　なぜ ϕ などに注目するのか、電荷にはたらく力は電場 $\boldsymbol{E}$ で与えられるではないか。大事な点は $\boldsymbol{E}$ が ϕ から容易に求まることである。実際微分するだけのやさしさで

ある。

（3巻　4-4　46ページ）

　物理学的には、1個のスカラー（＝ただの数字）にすぎない静電ポテンシャル ϕ と3成分のベクトルである電場 E とは、完全に同じ情報を持っている。

　上にあげた重力場と違うのは、重力場が高さという1つの変数にしか依存しなかったのに対して、静電場の場合は (x, y, z) という3つの変数に依存することであり、そのため、3つの方向への微分がそれぞれベクトル E の3成分になる点だ。

　先に「等高線」という言葉を遣ったが、電場の場合は「等ポテンシャル面」もしくは「等電位面」という言葉になる。なぜ、線ではなく面なのかといえば、地形は平面であるのに対して、静電ポテンシャル ϕ は空間の各点に存在するか

■等電位面

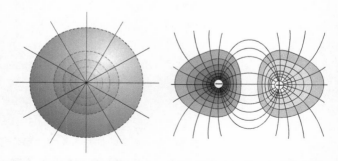

正電荷の場合の
力線と等電位面

正電荷と負電荷の作る電場の
線と等電位面

らである。

◆突き抜ける電荷

　さて、静電場を求めるのに便利な一つの方法はガウスの法則である。

　実際に計算しようとすると、ガウスの法則は特殊な問題にしか適用できない。特殊とは、問題の「対称性」がよい場合である。どういう問題が対称性がいいのかは、具体的に計算をすることによって理解できるだろう。

　で、実際にガウスの法則を具体的な問題に適用するためには、ちょっとした数学的な書き直しが必要になる。第1章に出てきたガウスの法則は「微分形」なので、実際に使うためには「積分形」にしないといけないのである。いいかえると、ミクロの法則を「足し上げて」マクロの法則にしないといけない。

　本書では、数学そのものには深入りせずに、できるだけ「考え方」を追っていきたいので、詳細は巻末の「数学的な補遺」をご覧いただきたいのだが、一言だけ補足をしておきます。

　ミクロの法則をマクロの法則に書き換える際に使われる数学的な道具は「ガウスの定理」である。混乱するといけないので、まとめておくと、

・ガウスの定理
＝数学の定理
＝発散するベクトル場の体積積分を場の面積分に翻訳
　する
・ガウスの法則
＝物理学の定理
＝電荷が電場の発散源になる

ということである。

　われわれは、ガウスの定理を使って、微分形のガウスの
法則を積分してやるのだ。ガウスの法則の両辺を体積積分
してやって、具体的な計算に使えるようにしたいのである。

$$\nabla \cdot \boldsymbol{E} = \frac{\rho}{\varepsilon_0}$$

　この両辺をある体積 V にわたって積分してみる（単な
る足し算である）。

　すると、右辺の ρ は、密度に体積をかけるだけなので、

$$\int \rho dV = q$$

と電荷になる。簡単である。

　左辺は、

$$\int \nabla \cdot \boldsymbol{E} dV$$

となって、どうやっていいのかわからない……はずはなく
て、ここで（巻末の補遺に出ている）ガウスの定理を使う
のである。ガウスの定理は、

$$\int \boldsymbol{E} \cdot \boldsymbol{n} da = \int \nabla \cdot \boldsymbol{E} dV$$

である。記号の説明だけしておくと、n は面に垂直な「法線」ベクトルであり、a は面を意味する。面の取り方によっては、$da = dxdy$ などになる。dV も直交座標では $dV = dxdydz$ になる。

■ガウスの法則

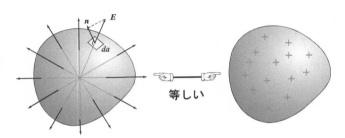

閉曲面から垂直に出る場を面全体にわたって足したものは、内部の全電荷に等しい。

結論は、

ガウスの法則の積分形 　$\int E \cdot n da = \dfrac{q}{\varepsilon_0}$

になる。これが積分形のガウスの法則にほかならない。左辺は、

「閉曲面から垂直に出る（入る）場を面全体にわたって足したもの」

であり、それが、

「閉曲面で囲まれる空間に存在する全電荷」

に等しいというのである。

もっとわかりやすくいうと、

「電荷を透明な袋で包んでしまえ。袋を突き抜ける場の正味の量（＝垂直成分 $E \cdot n$）を合計せよ。それは袋の中の電荷源の量に等しい」

ということだ。

◆電磁気学と重力理論

　早速だが計算事例を見てみよう。

■球状に分布した電荷

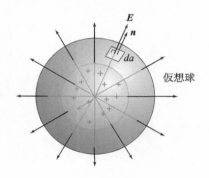

仮想球

● 例その 1　球状に分布した電荷

　丸いボールに一様に電荷 ρ が分布していて、ボール全体としては電荷 q を持つとする。この周囲の場はどうなるだろう？　ガウスの法則を使うと計算はいたって簡単である。まず、ボールの周囲を仮想球で囲む。仮想球はボールより

大きく半径 r としよう。すると、内部のボールからは放射線状に電場 E が流れ出てくるが、それは、仮想球の面に対して垂直な成分しか持っていない。だから、仮想球面では、どこでも $E \cdot n = E$ であり、仮想球面の面積は $4\pi r^2$ であるから、ガウスの法則の積分形の左辺は、

$$E \cdot 4\pi r^2$$

と計算することができる。これが右辺の q/ε_0 に等しいので、

$$E \cdot 4\pi r^2 = q/\varepsilon_0$$
$$\therefore E = q/4\pi\varepsilon_0 r^2$$

となって、球状の電荷分布の場合、球の中心から距離 r の点における電場は、距離 r の 2 乗に反比例することがわかる。

　　重力の理論の勉強のとき出会ったむずかしい問題の一つは、球状物質が球面外につくる引力はすべての物質が中心に集まるとしたときの力と同じことの証明であった。長い間ニュートンが重力理論を公表しなかったのはこの定理の真実性に確信がもてなかったからである。

　　　　　　　　　　　　　（3 巻　4–7　51 ページ）

　この「重力の理論」はアインシュタインではなくニュートンの重力理論のことである。
　なるほど、この問題は、ニュートンが頭を悩ませた問題だったのか。

ここにファインマン先生らしさがよく出ている。

　先にファラデーやマクスウェルによる電磁場の歴史的な「模型」に言及したが、ここでもファインマン先生はニュートンが主著『プリンキピア』の出版を遅らせた理由に触れている。これは科学史的に正しい史実として認められているが、いったい、ファインマン先生は、このような情報をどこから仕入れてきたのだろう？

　一般に科学者は科学史を知らない。知っていたとしても、ステロタイプな科学史のレベルの知識にとどまることが多い。その理由は、科学の歴史よりも現在の最先端の研究を頭に入れるのに精一杯だからだと思われる。だが、ファインマン先生の講義では、随所において精確な物理学史の知識が披露される。

　これは、あまり注目されないことかもしれないが、私には、天才ファインマンは、目の前の研究にだけ目を奪われることなく、過去の偉大な科学者たちが実際に何を考えていたのかを知って、そこから何かを得て、さらには学生にもそれを伝えるくらいの余裕を持っていたように思われるのだ。

　過去の偉大な科学者たちの考え、それは科学をやる上での「動機」にほかならない。やみくもに誰かの真似をするのではなく、確固たる動機にもとづいて研究と教育を行なっているのである。

　ここら辺は、科学技術立国の座から滑り落ちつつある現代日本の科学界には、ちょっぴり耳の痛いファインマン先生の態度ではなかろうか。

　閑話休題。

　さて、球状の電荷分布の場合、電荷の球が大きかろうが小さかろうが、その外部にできる電場は不変だ。ということは、仮に全電荷が球の中心の一点だけに集中していても、球状の拡がりには違いないから外部電場は同じことになる。

　ニュートン力学の場合は、大きさを持った質量分布の惑星を扱う場合に、あたかも惑星が点であるかのようにみなして計算をすることができるわけだ。本当は大きさがあるのに、大きさのない点として扱っていいのである。これは静電気とニュートンの重力との共通点である。

　ちなみに、球状の電荷分布の外ではなく中だったらどうなるだろうか?

　計算のやり方は同じだ。ただ、球の中心から距離 r のところにある仮想球面に含まれる電荷は q ではなく $(4\pi r^3/3)\rho$ になる。

　さらには、球の表面の「殻（から）」だけに電荷が分布していて、中身は空洞だったらどうなるだろう?

　この場合でも、球の外側にできる電場は、球殻の総電荷 q だけで決まるので、球状の電荷分布と同じ答えになる。

　そして、ここが驚くべきことなのだが、球殻の内部の空洞に電場は存在しない!

　なぜならば、電荷は球殻にだけ存在するので、空洞内で計算のために考える仮想球面の中の電荷はゼロだから。ガウスの法則は、閉曲面の「内部」の電荷だけを問題にするという点に注意してほしい。

　静電場はニュートンの重力理論と等価なので、重力の場合も、たとえば地球の地殻だけがあって中身が空洞だった

ら、そこに棲んでいる地底人たちは、地殻からの重力は感じないので無重量状態になってしまう。なんだか SF に使えそうなネタではある。

ポイント1　球状電荷分布を外から見ると、点電荷と区別できない
ポイント2　球殻の電荷分布の場合、空洞内には電場は存在しない

　ポイント1の具体的な式は、

$$E = \frac{q}{4\pi\varepsilon_0 r^2}$$

であるが、これをローレンツ力の式で速度 v がゼロの場合の $F = QE$ と一緒にすると、点電荷 q から距離 r のところにある電荷 Q が受ける力は、

$$F = \frac{q}{4\pi\varepsilon_0 r^2}Q$$

になる。これは学校で電磁気学のしょっぱなに教わる「クーロンの法則」である。
　つまり、クーロンの法則は、

「時間変動のない静電場のガウスの法則とローレンツ力の式を組み合わせたもの」

だということができる。ようするにマクスウェルの方程式の特別な近似とローレンツ力の特別な場合の合わせ技なのである。2つの基本法則の近似なのである。

column
ニュートンが生きた時代

カール・フリードリヒ・ガ
ウス（1777–1855）が活躍し
たのはアイザック・ニュート
ン（1642–1727）の 130 年ほ
どあとである。そのため、当
然のことながら、ニュートン
は自らの重力理論の総決算で
ある『プリンキピア』を書い
ていたとき、ガウスの定理を知らなかった。

　だから、大きさがあるのに（大きさのない）点と同
じだという自らの理論の帰結にニュートンは自信が持
てなかったのである。

　さて、ニュートンの万有引力の法則がクーロンの法
則と全く同じ形をしていることは瞠目に値する。電荷
と質量を同一視すれば、係数を別にして、逆 2 乗法則
という点では完全に同じなのである。

　ここで注意していただきたいのは、いきなり万有引
力の式を書いてしまうと、まるで 2 つの質量間に瞬時
にして力が働いたかのような錯覚を覚える点だ。それ
は宇宙の端から端まで引力が瞬時にして伝わるという
意味で「遠隔作用」の理論のように見える。

　実際、ニュートンが生きていた時代にもこのような
遠隔作用の原因が説明されていない点に不満を持つ
人々がいたようで、ニュートン自身も「エーテルの圧
力」といったような具体的な説明を考えていたようだ

が、最終的に断念している。そして、

「私は仮説をたてない」

という有名な文句を主著『プリンキピア』に挿入するのである。

　静電気の方程式であるクーロンの法則が、マクスウェルの方程式の「時間変動のない近似」であるということからニュートンの万有引力の式を見直してみると面白いだろう。重力理論にも時間変動のある（もっと精密な）方程式が存在して、ニュートンの式は、あくまでも静重力の式だと考えられるからだ。実際には重力は瞬時に伝わるのではなく、有限の速度（＝光速）で徐々に空間を伝わるのだが、全体が安定した均衡状態になって落ち着いた後は、時間変動のない静重力の問題として扱うことが可能になる。

　ニュートンが生きた時代には、より精確な基礎方程式であるアインシュタイン方程式が存在することなど想像すらできなかったので、人々は、ニュートンの式が（時間変動の終わった）均衡状態を扱うものだとは考えずに、理解しがたい瞬間的な遠隔作用を意味すると考え「オカルト」という言葉で非難したのである（オカルトは「隠れている」という意味）。

◆いろいろな電場

●例その2　線電荷

　点が済んだので、今度は線電荷である。

■線電荷

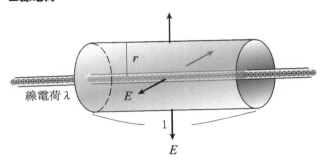

　まずは、点電荷の結果から類推してみよう。線状に電荷が密度 λ で分布している状態は、点が数珠繋ぎになっているのだと考えられる。だから、放射状の電場を一列に並べてゆけばいいのである。その際、隣り合う点電荷同士で、列に平行な方向の電場は打ち消し合うので、最終的に、列に垂直な方向の電場しか残らなくなる。

　そこでガウスの法則を適用する「袋」として長さ 1、半径 r の「円筒」を考える。円筒内の総電荷は λ である（ええと、わかりにくいですか？　電荷密度が λ（クーロン/cm）として、1 cm に含まれる電荷は λ クーロンという次第）。

　円筒の側面からは電場が流れ出るが、円筒の蓋と底からは流れ出ない（線に垂直な電場しかないから）。

　というわけで、ガウスの法則の左辺は

$$E \cdot 2\pi r$$

であり、右辺は λ/ε_0 なので、

$$E = \frac{\lambda}{2\pi\varepsilon_0 r}$$

が求める電場だ。

点電荷の場合とちがって距離の2乗ではなく1乗に反比例することに注意。

● 例その3　面電荷

次は線がたくさん並んで面になったらどうなるかを考えてみる。

■面電荷

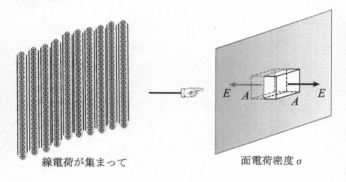

線電荷が集まって

面電荷密度 σ

隣り合う線から出る電場のうち、面に垂直でない成分は打ち消し合うので、結果的に面に垂直な成分しか残らない。そこで、たとえば立方体の「袋」で面の一部を囲ってやってガウスの法則を適用すると、面電荷密度 σ、立方体の面積を A として、

$$EA + EA = \frac{\sigma A}{\varepsilon_0}$$

したがって、

$$E = \frac{\sigma}{2\varepsilon_0}$$

が答えになる。

　点電荷が距離 r の 2 乗、線電荷が距離 r の 1 乗に反比例、そして、面になると距離の 0 乗、すなわち距離に依存しなくなる。

　これは、ようするに、電場が拡がって「薄まる」度合いを表しているわけだ。点からは四方八方に拡がるので急激に薄まる。線からは拡がる方向が一つ減るので薄まり方は弱くなる。面からは同じ方向にそのまま電場が流れるだけで薄まることがない。

　そういうイメージである。

　ただし、ここで面は無限に大きいと仮定している。実際にはありえないが、もちろん、面の傍らでは面が充分に大きければ成り立つ近似だ。現実には、もちろん、面の大きさは有限であり、面の大きさくらいまで離れてしまえば電場はどんどん弱くなる。有限な面から非常に遠く離れてしまえば、今度は、面そのものが点に見えるだろうから、遠くの電場は、点電荷のように距離の 2 乗に反比例するだろう。

　物理の問題を解いているときは、常に、どういった近似や条件を仮定しているのか、考える癖をつけておいたほうがいい。

　さて、この面電荷の問題は、きわめて重要な応用につな

がる。それは「コンデンサー」である。コンデンサーとは正負に帯電した面を近くにおいて、そこにたくさんの電荷を溜めておくような仕組みであり、回路設計に不可欠なパーツでもある（川の氾濫を和らげる調整池を思い浮かべてください。水のかわりに電荷を溜めるのである）。

ここで「重ね合わせ」の原理を思い出してほしい。電場は重ね合わせることができる。ということは、面電荷の結果を σ と $(-\sigma)$ の2つにして電場を重ね合わせてみればコンデンサーの周囲の電場が求められるだろう。

■コンデンサーの電場

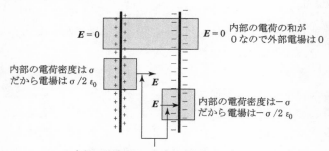

内部の電場は2つを合わせたものである

実際、計算するまでもなく、2枚の面の外側では電場が反対方向なので打ち消し合い、2枚の面の内側では電場が2倍になるので、答えは、

$$E（平面の間）= \frac{\sigma}{\varepsilon_0}$$

$$E（外部）= 0$$

になる。

◆電場と磁場の蜜月

　ここでいったん静電場の問題から離れて静磁場の計算法を見ることにしよう。ガウスの法則で計算したのと同じ幾何学的なシチュエーションを磁場の場合にもやっておきたいからである。

　そして、静電場と静磁場の計算を見比べることにより、われわれは、

「時間変動がない場合は電場と磁場は切り離されているにもかかわらず、両者には偶然以上の密接なつながりがある」

ことを確認する。

　そして、その理由を理解することにより、本書の第 1 章で宿題にしておいたパラドックスを解くことが可能になる。

　とにかく、ガウスの法則と同様、アンペールの法則を積分形に書き直すのが先決だ。やってみよう。

　静磁場の方程式は、

$$\nabla \cdot \boldsymbol{B} = 0$$

$$c^2 \nabla \times \boldsymbol{B} = \frac{\boldsymbol{j}}{\varepsilon_0}$$

である。2 番目の式が微分形の「アンペールの法則」。これをストークスの定理（234 ページ参照）を使って積分形に書き換えたい。そこで、ベクトルの、ある面に垂直な法線

成分を面全体にわたって積分してみる（ようするにある面を突き抜ける「流束」を計算するのである）。

電流密度 j の電流の流束は面内を通る電流 I である。あえて式を書くのであれば、

$$I = \int_s j \cdot n dS$$

となる（これが右辺の面積分）。これは問題ないだろう。

次に、アンペールの法則の左辺を同じように面積分して、ストークスの定理を使って、面積分を線積分に翻訳してやる。

$$\oint_\Gamma B \cdot ds = \int_s (\nabla \times B) \cdot n dS$$

これが電流 I に等しいのだから、最終的に、

アンペールの法則の積分形 $\oint_\Gamma B \cdot ds = \dfrac{1}{\varepsilon_0 c^2} \int j \cdot n dS$

となる。

これを使って線電流と面電流が作る磁場を計算してみよう。

● 例その1　線電流

ふつうの電線である。

電線の周囲をまわる半径 r の円を考える。円を貫く電流は I であり、その周囲にできる磁場は右ねじのように右回りになるが、それを円周 $2\pi r$ について足し上げると、

$$B \cdot 2\pi r = \frac{I}{\varepsilon_0 c^2}$$

■線電流周りの磁場

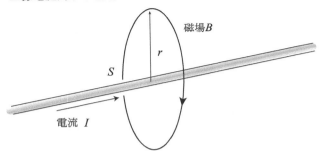

となるので、磁場は、

$$B = \frac{1}{2\pi\varepsilon_0 c^2}\frac{I}{r}$$

と求まる。

● 例その２　面電流

　今度は、線電流を横に並べればいい。すると、電線のまわりの右回りの磁場は、隣同士で打ち消し合う部分がでてきて、最終的に面に平行な磁場だけが残ることになる。

　これがイメージしにくいのであれば、細長い有限の面電流を思い浮かべるとよい。線が定規のように幅広くなったと考えるのである。すると、まわりには依然として右回りの磁場ができるが、それは円ではなく楕円に近くなるだろう。その幅がさらに拡がれば、面に平行な磁場と、面の端の近くの半円の磁場という感じになってゆくにちがいない。

　というわけで、無限の大きさを持った面電流の場合、面

に平行な磁場ができるのであるが、面に垂直な線と平行な線からなる（辺の長さが1の）四角形のループを考えれば、電流の線密度を j として、

$$B \cdot 2 = \frac{j}{\varepsilon_0 c^2} \qquad \therefore B = \frac{j}{2\varepsilon_0 c^2}$$

と磁場が求まる。

これまでの計算結果をまとめてみよう。

線電荷　$E = \dfrac{1}{2\pi\varepsilon_0} \dfrac{\lambda}{r}$

面電荷　$E = \dfrac{\sigma}{2\varepsilon_0}$

線電流　$B = \dfrac{1}{2\pi\varepsilon_0 c^2} \dfrac{I}{r}$

面電流　$B = \dfrac{j}{2\varepsilon_0 c^2}$

これらを見ると、電場と磁場の恰好が非常によく似ていることがわかる。実際、電場の式に出てくる電荷に速度 v をかければ電流になることを考慮すると、電場の式から磁場の式を求められるような気がしてくる。

その処方箋は、

処方箋　　電場　$\xrightarrow{v/c^2 \times}$　磁場

である。

静電磁場ではマクスウェル方程式は別々の対に分れ、一つの対は電気、もう一つは磁気で、その間に結びつきはないようにみえるけれども、本質的には相対性原理から起こる大変密接な結びつきがある。歴史的にいうと相対性原理はマクスウェル方程式の後に発見された。事実電気と磁気の研究がついにアインシュタインの相対論の発見へと導いた。しかし相対性原理が電磁気に適用されるとしたなら——事実そうだが——相対性の知識から磁気力について何が分るかをみよう。

（3 巻　13–6　166 ページ）

◆電磁気学のパラドックスを解く！

『ファインマン物理学』第 3 巻から、個人的に気に入った箇所を 10 ページほど抜き出せと言われたら、私は、文句なしに 13–6 節をあげるだろう（他には 12 章と補章と 15–5 など）。13–6 節では、本書の冒頭でわれわれが突き当たったパラドックスが見事に解明されている。

　もう一度パラドックスを書いておく。

パラドックス

　2 本の電線に同じ方向に電流が流れていると電線は引っ張り合うことがわかっている。ところが電流と一緒に観測装置が動くと、そこには、プラスの止まった電荷だけが存在することになり、プラスの電荷同士は反発するので、2 本の導線は引っ張り合うのではなく反発し合うことにな

る。あれれ？

　つまり、電流と磁場を考えれば引力、電流の速度で観測して、電荷と電場を見るようにすれば斥力が働くという矛盾だ。

　相対性理論は、絶対静止という概念を認めない。だから、どのような速度で動いている観測装置で現象を測定してもかまわない。電線に対して止まっている観測装置と電荷に対して止まっている観測装置のどちらかに優先権があるわけではない。

　ファインマン先生は電線の中をマイナスの電荷を持った電子が動いている情況を詳細に分析して、答えを出している。ここでは、その議論のエッセンスをまとめてみることにする。

● ファインマン先生の議論のエッセンス

セッティング

　電流の流れている電線と、電線から少し離れた所を動く1個の電子を考える。話を簡単にするため、電線から離れた所の電子と電線の中の電子群（＝伝導電子）は同じ速度で動いているものとする。電線の中にはプラスの電荷を持って静止した原子核もたくさん存在するが、電流が流れている状態の電線は、全体としてプラスとマイナスの電荷が打ち消し合って、電気的に中性である。つまり伝導電子と原子核の電荷密度は、それぞれ、$(-\rho)$ と $(+\rho)$ ということになる。

分析 1

　電線は全電荷がゼロだから電場 E は生じない。つまり、磁場 B だけを考えればよい。線電流の外にできる磁場 B は半径 r に反比例する。その磁場が電線の外を動いている電子に与える力は $F = qv \times B$ という式から求まる。これは引力である（「電流」の定義はプラスの電荷の動きなので、電線内の電子の動きとは逆である。また、電子の電荷 q はマイナス。その上で、速度 v のベクトルの矢印を磁場 B に重ねようとしたときに右ねじが進む方向が F）。

■分析１と分析２

分析１：
普通に観測。
電子は電流によって
発生した磁場から
ローレンツ力を受ける。

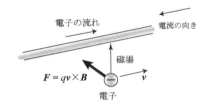

分析２：
電子と一緒に動いて観測。
電子は止まって見えるが
原子核が逆向きに流れる。
相対論を適用すると、電線の
正味の電荷密度はプラス。
よって電子に引力が働く。

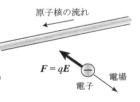

分析 2

　電線の中および外を動く電子と同じ速度 v で動きながら

観測してみると、現象の見え方はガラリと変わってくる。電子は観測者に対して相対的に静止している。しかし、原子核のほうは速度（$-v$）で動いているように見える。そのため原子核は磁場を生むが、外の電子は静止しているので、ローレンツ力の磁場の項は関係してこない。ここで相対論によると、動いている原子核の電荷密度は静止している原子核の電荷密度より大きくなるので、実は電線の持つ正味の電荷密度はプラスであり、電場も存在することになる。だから、電子に引力が働く。

　結論として、観測者（装置）が電線に対して止まっていても電子と一緒に動いていても、外部の電子は電線に引きつけられるというわけだ。この結論を一般化すれば、
「同じ向きに電流が流れている電線は常に引き合う」
ということになる。電線に対して止まって観測しても電子と一緒に動いて観測しても結論は変わらない。ポイントは、電子と一緒に動くと電子は止まって見えるが、原子核が動いて見え、しかも相対論がからんでくるという点だ。
　ここで、分析2の「相対論によると」という部分が意味ワカランという人もいるだろう。よく知られている相対論の結論の一つに「動く物体は短くなる」というのがあるが、そのために「動く電荷の電荷密度が変わる」のである（あくまで観測者から見てだが）。その相対論的な変換をローレンツ変換といい、次のような恰好をしている。

電荷密度のローレンツ変換　　　$\rho_{動} = \rho_{止} \times \dfrac{1}{\sqrt{1 - \dfrac{v^2}{c^2}}}$

これは質量 m や時間 t の変換と同じ恰好をしている。右辺の分母は常に 1 以下なので、言葉でいうと、

「(観測装置に対して) 動いている電荷の電荷密度は大きく見える」

ということを意味する。

「そうか、観測者から見て動く電荷はその電荷密度が変化するのか。それならば、分析 1 で動いている電子の電荷密度 ($-\rho$) も相対論的に補正する必要があって、補正をすると全体としてマイナス電荷が大きくなるから、電場が発生するのではないか」

というのは鋭い意見だ。

　実をいえば、分析 1 の電子の電荷密度 ($-\rho$) はすでに相対論的に見た電荷密度なのである。相対論補正をした上で、静止原子核の電荷密度 ρ に等しい (絶対値が)。初めに電流の流れる電線は電気的に中性だと書いたが、これは実験事実 (電流の周りに電場が存在しないこと) から言えることであり、まちがいない。だから、実は静止状態 (分析 2) での電子の電荷密度は ρ ではなく、$\rho\sqrt{1 - v^2/c^2}$ なのである (これをローレンツ変換すると $-\rho$ になる)。

　ごっちゃになるので表にしておこう。

	分析 1		分析 2
原子核	$+\rho \ \rightarrow$	$\times \ \dfrac{1}{\sqrt{1-\frac{v^2}{c^2}}} \ \rightarrow$	$+\rho \dfrac{1}{\sqrt{1-\frac{v^2}{c^2}}}$
電子	$-\rho \ \leftarrow$	$\times \ \dfrac{1}{\sqrt{1-\frac{v^2}{c^2}}} \ \leftarrow$	$-\rho \sqrt{1-\frac{v^2}{c^2}}$
電荷密度合計	0		$+\rho \dfrac{v^2/c^2}{\sqrt{1-v^2/c^2}}$

どうしても混乱する人は、

「同じ電荷密度を観測する場合、動く電荷密度 > 静止電荷密度」

という覚え方をしてください。止まっているときの電荷密度と比べて、動いていると $1/\sqrt{1-v^2/c^2}$ の因子だけ大きく見えるのである。

とにかく、結論として、

「電子と一緒に動いて観測すると電場が見える」

ということになる。

観測者の運動状態によって、目の前の電磁場は、変幻自在の姿を見せる。電磁場は「コト」であり、歯車のような「モノ」ではないのである。運動状態によって電場と磁場は入れ替わるかもしれないが、最終的な粒子の運動という客観的な事実は不変なのだ。

基準座標をかえると電場、磁場がちがった混合で現われるから、E、B の場の見方に注意深くなくてはならない。たとえば、E と B との "線" を考えるにしても、それにあまり真実性を与えすぎてはならない。ちがった座

標で眺めようとすると線がきえてしまうかも知れない。

（3 巻　13-6　170 ページ）

◆電磁気学と相対性理論

『ファインマン物理学』で相対論が初めて出てくるのは第
1 巻「力学」である。本書の姉妹書でファインマン先生の
相対論講義をご紹介した。だが、本書だけを手に取られ、
また、『ファインマン物理学』の第 1 巻をお読みになって
いない読者も多いかと思う。だから、ここで相対論のエッ
センスをまとめておこう。すでに相対論に詳しい読者は読
み飛ばしてくださって結構だ。

『ファインマン物理学』で第 1 巻の力学でも相対論に触れ
ているが第 4 巻の第 4 章「電磁気学の相対論的記述」およ
び第 5 章「場のローレンツ変換」でもさらに詳しく相対論
が紹介されている。

　相対論は、本来、電磁気学と切っても切り離せない関係
にある。アインシュタインの相対論の第一論文は 1905 年
に発表されたが、その題名は「動いている物体の電気力学」
という。その導入部では、磁石と導線の例が引き合いに出
される。

　ファラデーの法則から明らかなように磁石を動かすと磁
場の変動により電場が回転を始める。この電場によって導
線の中の電荷は動かされて電流となる。逆に磁石を止めて
おいて導線のほうを動かしても、（磁場の変動はないから
電場は生まれないはずなのに）導線には電流が流れる。こ

の例について、アインシュタインは、

　もしこれら二つの例で、導体の磁石に対する相対的運動
　が同じであると仮定するならば、はじめの例で、二次的
　に発生した電場の生みだす電流と、第2の例で、起電力
　が生みだす電流とは、その量においても、また流れの向
　きについても、まったく同じである。

（『相対性理論』アインシュタイン　内山龍雄訳・解説　岩波書店）

と述べている。世の中に絶対静止という概念が存在しない
とすれば、物理的に意味があるのは、磁石と導線の間の
「相対運動」だけであり、主観的に磁石を動かしたと感じ
ようが、逆に導線を動かしたと感じようが、物理的な情況
には差はないはずだから、同じ電流が流れるに違いない。
実際、実験では、そうなるのである。
　これは、つまり、電場と磁場という概念が絶対的なモノ
ではなく、観測者（＝観測装置）の運動状態によって姿を
変える相対的なコトであることを意味する。
　力学だけを扱っているのなら、相対論は、観測の基準枠
となる時間 t と空間 (x, y, z) が観測者の状態によってど
う姿を変えるかを教えてくれればいい。
　観測者 S と x 方向に相対速度 v で動いている観測者 S'
の見る時空（＝座標系）は、

$$t' = \frac{t - vx}{\sqrt{1 - v^2}}$$

$$x' = \frac{x - vt}{\sqrt{1 - v^2}}$$

$$y' = y$$

$$z' = z$$

で結ばれている。ここで光速 $c = 1$ という特別な単位系を使っているが、これは、光速 c を速度の上限（＝ 100％）と考える単位系である。世の中のあらゆる速度は、光速の何パーセントか、という比で表される。たとえば光速の 50％なら「0.5」という具合である。

　ここで時間 t と空間が (t, x, y, z) と 4 つ一組になっていることに注目していただきたい。相対論では時間と空間は別々ではなく 4 元ベクトルとして一緒にまとまって行動するようになる。だから時空という言葉を遣うのである。

　電磁気学に出てくるポテンシャル ϕ と A も (ϕ, A_x, A_y, A_z) と一組の 4 元ポテンシャルになる。観測者 S と観測者 S' が観測するポテンシャルは、時空座標と同じ恰好の、

$$\phi' = \frac{\phi - vA_x}{\sqrt{1 - v^2}}$$

$$A_x' = \frac{A_x - v\phi}{\sqrt{1 - v^2}}$$

$$A_y' = A_y$$

$$A_z' = A_z$$

という変換式で結ばれる。

　ここで $\phi(t, x, y, z)$ は (t, x, y, z) の関数であり、$\phi'(t', x', y', z')$ は、(t', x', y', z') の関数であることに注意。ポテンシャルから電場や磁場を求めるときは、どの座標系で計算しているのか、気をつけないといけない。

このほかにも電荷密度 ρ と電流密度 j も 4 元ベクトルになる。

　では、電場 E と磁場 B も 4 元ベクトルになるのかといえば、もちろん、$3 + 3 = 6$ 成分あるので 4 元ベクトルにはならない。電場と磁場は、ベクトルの概念をさらに拡張したテンソルと呼ばれるものになるのである。4 元ベクトルが 1 行 4 列の行列で成分を表示できるように 4 次元のテンソルは 4 行 4 列の行列で表すことが可能だ。

$$\begin{pmatrix} 0 & -E_x & -E_y & -E_z \\ E_x & 0 & -B_z & B_y \\ E_y & B_z & 0 & -B_x \\ E_z & -B_y & B_x & 0 \end{pmatrix}$$

　これが一組になって行動する。だから電場と磁場ではなく電磁場という言葉を遣うのである。電場と磁場は電磁場テンソルの成分にすぎない。電場の各成分をバラバラに扱うことに意味がないように、電磁場テンソルの各成分をバラバラに扱うことも意味がない（ただし時間変動のない場合にのみ、電場と磁場は分離できる）。

　この行列の行と列を入れ替えると符号がマイナスになることから、電磁場テンソルは「反対称テンソル」と呼ばれる。「反対称」とは、対称操作により符号が変わる、という意味である。

　観測者 S と観測者 S' の見る電磁場は、

$$E_x' = E_x \qquad\qquad B_x' = B_x$$

$$E_y' = \frac{(\boldsymbol{E} + \boldsymbol{v} \times \boldsymbol{B})_y}{\sqrt{1 - v^2}} \qquad B_y' = \frac{(\boldsymbol{B} - \boldsymbol{v} \times \boldsymbol{E})_y}{\sqrt{1 - v^2}}$$

$$E_z' = \frac{(\boldsymbol{E} + \boldsymbol{v} \times \boldsymbol{B})_z}{\sqrt{1 - v^2}} \qquad B_z' = \frac{(\boldsymbol{B} - \boldsymbol{v} \times \boldsymbol{E})_z}{\sqrt{1 - v^2}}$$

と変換される。

　これは、ようするに、観測者によって見える世界が違うので、互いに意思疎通を図るためには「翻訳規則」が必要になる、ということなのだ。

　ちなみに、4元ポテンシャルの変換規則のほうが簡単なので、S と S' 系のそれぞれ4元ポテンシャルを計算して、それを微分して電磁場を求めてもかまわない。ただし、S' 系での微分には、$\partial/\partial x$ ではなく $\partial/\partial x'$ などを使わないといけないので計算には注意が必要だ。

ローレンツ変換

$$S \text{ 系 } (t,\, x,\, y,\, z) \quad \rightarrow \quad S' \text{系 } (t',\, x',\, y',\, z')$$

$$(\phi,\, A_x,\, A_y,\, A_z) \quad \rightarrow \quad (\phi',\, A_x{}',\, A_y{}',\, A_z{}')$$

$$\downarrow \text{微分} \qquad\qquad\qquad \downarrow \text{微分}$$

$$\begin{pmatrix} 0 & -E_x & -E_y & -E_z \\ E_x & 0 & -B_z & B_y \\ E_y & B_z & 0 & -B_x \\ E_z & -B_y & B_x & 0 \end{pmatrix} \rightarrow \begin{pmatrix} 0 & -E_x' & -E_y' & -E_z' \\ E_x' & 0 & -B_z' & B_y' \\ E_y' & B_z' & 0 & -B_x' \\ E_z' & -B_y' & B_x' & 0 \end{pmatrix}$$

◆導体と絶縁体の不思議

静電場の話に戻ろう。

これまで点や線や面といった単純な電荷分布の事例を見てきたが、いずれも大きさや幅や厚さがないような理想的条件のもとでの計算であった。

実際の物体の場合、たとえば厚さのない面など存在しないのだから、本当は、もっと突っ込んで物質の性質を考慮して考えないといけない。

とはいえ、電磁気学を最初に学ぶ段階では、複雑怪奇な物質の性質（＝物性）を細かく研究するわけにもいかないので、非常におおまかに2種類の物質を考えることになる。

1　導体
　　→金属のように伝導電子が自由に物質内部を動き回ることができるもの
2　絶縁体（＝誘電体）
　　→プラスチックのように電子が原子核につなぎとめられていて少し位置がズレるだけのもの

導体に関しては、次の3つの事実を頭に入れておけばよい。

1　導体の外側　　$E = \sigma/\varepsilon_0$（面に垂直）
2　導体の内部には電場はない
3　導体の中の空洞にも電場はない

"静電気" のときには、定常的に電流を流す源はない（静磁場をしらべるときには考慮される）ので、電子は導体内の電場がどこも０になるように分布するまで流れるだけで、それで止まってしまう。（こうなるまでの時間はふつう１秒よりはるかに短い。）もし少しでも電場が残っていれば、電子はなお動かされるので、静電的な解は内部いたるところ電場が０になるものだけである。（中略）導体内に電荷があり得ないならば、一体どうして帯電できるだろう。導体が "帯電している" とはどういう意味か。電荷はどこに存在しているのか。電荷は導体表面に存在しているというのが答えであって、導体表面では強い力が電子の逃げるのをとめている──

（3 巻　5–9　62 ページ）

■導体内の電場

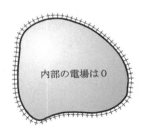

内部の電場は０

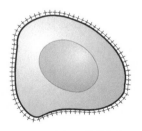

空洞内部の電場も０

　導体には自由に動ける電子があるので、偏った電荷分布を自動調整してしまうのである。その結果、導体内部の電

荷は「外側」に追いやられてしまう。その電荷密度を σ とすると、ガウスの法則により、外の電場は σ/ε_0 になるのである。動きが完全に調整されたということは、導体表面は等ポテンシャル面になっているということで、ゆえに電場は面に垂直になる（起伏のある地形で「等高線」に垂直にボールが転がるのと同じ）。

　導体の中にポッカリと空洞があったらどうなるだろうか？

　その場合は、やはり、自由電子同士は反発しあって、できるだけ遠くに行こうとするのだから、空洞に電荷は残らないことになる。

　エレベーターの中に入ったとたん、携帯電話が通じなくなった経験をおもちではなかろうか？　あれは、静電遮蔽と呼ばれる現象である。導体に囲まれた内部空間は、電磁的には外部と完全に「隔離」されている。

　このようにして、空洞が導体で包まれていれば、外部の静電気分布がどうあっても内部に場をつくることはない。電気機器を金属の箱の中に入れて遮蔽する原理はこうして説明される。同様な議論で、閉じた導体の内部にどう電荷を分布させても外部に電場はつくられないことが示される。

(3 巻　5-10　64 ページ)

　前に球殻の内部に電場が存在しないことを説明した。それはニュートンの重力でも同じだった。だが、静電場の場合は、さらに一歩進んで、空洞の恰好が球でなくても空洞

内部の電場はゼロになるのである。これは重力にはなかったことで、その原因は、（質量は同じ符号のものだけしか存在しないのに対して）電荷にはプラスとマイナスの両方が存在して、同じ符号同士が反発する点にある。

　次に絶縁体（＝誘電体）に移ろう。

　絶縁体とはゴムやプラスチックのような電気を通さない物質のことである。絶縁体の中の電子は原子核につなぎとめられていて自由に動くことができない。だから、絶縁体を電場の中においても、電子が動き回って自動調節をすることはない。だから、絶縁体の内部には電場があってもかまわない。

　今度論じるのは絶縁体で、これは電気を導かない。それでは何の影響も受けないはずだと思う人もあろう。しかし、簡単な検電器と平板コンデンサーを使って、ファラデーがそうでないことを発見した。彼の実験はコンデンサーの容量が極板間に絶縁体を入れると増加することを示した。絶縁体が板の間を完全にみたしていると、容量は κ 倍になり、この因子は絶縁物質の性質だけできまる。絶縁物質を誘電体ともいう。因子 κ は誘電体の性質であって、比誘電率といわれる。真空の比誘電率はもちろん 1 である。

（3 巻　10–1　123 ページ）

　さて、コンデンサーというのは、電荷を溜める「貯水池」のようなもので、どれくらい電荷を溜められるかは、板の面積 A に比例し、板同士の距離 d に反比例する。

139

なぜか？

まず、面積が大きいほどたくさんの電荷が溜められるのは直感的に理解できるだろう。問題は、板同士の距離 d である。

板の間の電場 E は、ガウスの定理の練習のところで、

$$E = \frac{\sigma}{\varepsilon_0}$$

と求めてある。実は、問題になるのは、「電圧差」なのである。片方の板にプラスの電荷がたくさん溜まって、もう片方の板にマイナスの電荷が同じ分量溜まるわけなのだが、それは、貯水池の例でいうならば「水圧」の差となって表れることになる。今の場合は、

$$V = Ed$$

が電圧差（＝ポテンシャルの差）である。板の距離 d が大きくなると電圧差が急激に大きくなってスパークしてしまう。電圧が高すぎて、空気中を電流が流れてしまうのである。これは貯水池の壁が崩れることに相当する。

というわけで、コンデンサーの板同士の距離は、できるだけ小さいほうがいい。とはいえ、物理的にくっついてしまっては元も子もないので、昔のコンデンサーではアルミ箔（＝板）の間にろう紙をはさんで巻き上げたものなどが使われていた。

コンデンサーの容量 C に関係する式は、

$$C = \frac{\varepsilon_0 A}{d}$$

$$Q = CV$$

である。

さて、コンデンサーの間に絶縁体を挟んだ場合と導体を挟んだ場合の図をご覧いただきたい。

■コンデンサーに物を挟む

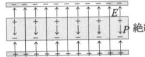 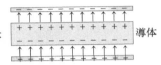

絶縁体を挟むと、
逆向きの電場 P が生じ、
電場が弱くなる。

導体を挟むことは、
コンデンサーの板間距離を
小さくするのと同等。

なにが起きるのだろう？

答えは簡単で、まず、絶縁体の場合は、コンデンサーの板に「誘われて」、絶縁体の表面に少しだけ電荷が「染み出す」のである。原子核をプラス、それにつなぎとめられている電子をマイナスの符号で表すと、本来は中性であった絶縁体の電荷分布が少しだけ上下にズレるのである。

すると、絶縁体の内部では、もともとのコンデンサーの電場 E のほかに、誘われて生じた逆向きの電場 P があるので、結果として、絶縁体内の電場は打ち消し合って弱められる。

電場が $1/\kappa$ 倍に弱くなるので、電圧も $1/\kappa$ 倍に小さくなる。よって、溜められる電荷 Q は κ 倍に増加するのだ。

次に導体を挟んだらどうなるかであるが、導体内に電場

はないので、導体の厚さがそのまま「なくなった」のと同じことになる。つまり、実質的に距離 d が小さくなって容量 C は大きくなる。

column

ＤとＨに惑わされるな

　電磁気学を勉強し始めると、まず、理想的な幾何学の電荷分布、次に導体、そして絶縁体と続いて、次第に頭が混乱し始める（それに拍車をかけるかのように、最初に静電場のクーロンの法則から始めた日には、何が基礎法則なのかもわからずに右往左往するはめに陥る）。

　さらに静磁場に入っても（本当は存在しない）磁荷を仮定して話を進めたりされると、もう、何がなにやら、物理と SF の境目も判然としなくなって、お手上げになってしまう。

『ファインマン物理学』では電場 E と磁場 B が使われていて、一般的な教科書でよく顔を出す電束密度 D と、（いわゆる）磁場 H はあまり出てこない（もうすでにお気付きの人もいると思うが、ファインマンはいわゆる磁束密度を「磁場」といっているのである）。第4巻で磁性を論ずる段になって H が説明されるが、あくまでも2次的な場である点が強調されている。

　E と B は、ともに「流束」（flux）なのであり、それ以上でもそれ以下でもない。教科書によっては、D や H が執拗に出てくるものもあるが、私の個人的な体験

では、電磁場に馴れないうちは、頭を E と B に集中させたほうがいいように思う。特に磁荷 ρ_m を仮定して、E と H を基本に据えている教科書があったとしたら、現代的な観点からは、読まずにおくのが賢明かもしれない。

　もう一つの点も強調すべきである。$D = \varepsilon E$ のような式は物性を記述しようとする試みである。しかし物質は極めて複雑であって、このような式は実際正しくない。たとえば、E が大きくなると、D は E に比例しなくなる。物質によっては、E がわり合に弱くても、比例関係がやぶれている。また比例 "定数" が E の時間的変化の速さに関係することもある。従ってこういう方程式は、フックの法則と同様、近似である。深い、基礎的方程式ではあり得ない。これに反して、E についての基礎方程式、(10.17) と (10.19) は静電気についてのわれわれの最も深く、完全な理解を表明している。

（3 巻　10–4　129 ページ）

　電束密度 D を使う方式はあくまでも近似である。少なくともベテランになる前の段階では、基礎方程式に集中するのが電磁気学を習得するコツだといえよう。

◆魔法の鏡

　さて、これまでは、決まった電荷分布が与えられている

場合の電場を計算してみた。次に、もっと現実的な問題を考えてみよう。たとえば、いろいろな恰好をした導体に電荷を与えた場合、その電荷がどのように導体表面に分布するかは、どうやって予測できるだろうか？

あれ？　どういうことだろう？　たしか、導体の場合の電場は表面に垂直で $E = \sigma/\varepsilon_0$ になるはずではなかったか？　それで問題は終わりのはずだ。いったい何が問題なのだろう？

これは、もちろん、電荷分布 σ が表面上の位置によって変わってくるから問題なのである。表面の形状が尖っているような場所には電荷が集中しやすい。もっと精確にいうと電荷は小さくても密度は大きい（＝「満員電車」みたいなもの）。だから、尖っている場所の σ は、他の場所に比べて大きくなる。電場も大きくなる。σ は、通常、導体表面で定数ではない。

■先端の電圧

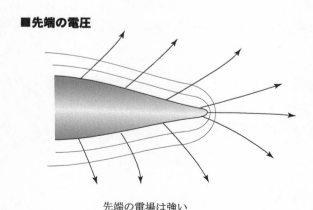

先端の電場は強い

電荷が表面に分布する仕方を知るにはどうしたらよい
か。電荷は表面のポテンシャルが一定になるように分布
する筈である。もし面が等ポテンシャルでないと、導体
内に電場があることになり、電荷は場が 0 になるまで流
れ続けるはずである。このような一般的問題は次のよう
に解かれる。まず電荷の分布を想定して、ポテンシャル
を計算する。もし面上のポテンシャルがどこも一定にな
れば、問題はそれで終る。もし面が等ポテンシャルでな
ければ、電荷分布の想定がまちがっていたわけで、想定
をやり直さねばならない――

（3 巻　6–6　73 ページ）

　つまり、任意の導体表面に電荷がどのように分布するか
は、「試行錯誤」でやってみるよりない、というのである。
ただし、がむしゃらにやるのではなく、なんとか、表面の
ポテンシャルが一定になるような解を予測しろ、というの
である。

　そんなことが可能だろうか？

●例題その 1

　無限に大きい（接地された）導体の前に点電荷（$+q$）を
置いたら、導体にはどのような電荷分布が生じるだろう？

　接地された無限に大きな導体面である。接地されている
ということは、そのポテンシャル（電位）がゼロであるこ
とを意味する。

　ここで導体面が魔法の鏡だと考えてみる。自分の体が左
右逆に映る（？）のと同じで、この魔法の鏡は電荷が逆に

■導体平面近くに電荷を置いたときにできる電荷分布

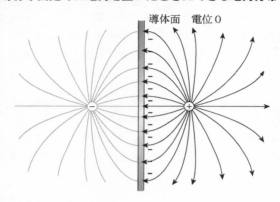

導体面　電位0

映る。そこで鏡の中に $(-q)$ を置いてみる。具体的には、導体面の反対側に $(-q)$ を置くのである。すると、鏡の場所は等ポテンシャル面になる（プラス q が高さ q の山で、マイナス q が低さ q の谷だとすると、そのど真ん中は平らになる。いいかえると面が「海抜ゼロの等高線」になる）。

　つまり、「導体面と $(+q)$」という問題は、「$(-q)$ と $(+q)$」という問題と等価なのである。

　狐につままれたような感じがするかもしれないが、導体面に沿って等ポテンシャル面がくるような電荷の配置をみつければ、それで話は終わりなのだ。

　点電荷 $(+q)$ と面の距離を a とすると、点電荷の真下から ρ の距離付近の電場はどうなるだろう？　これは、重ね合わせの原理によって、2つの電荷の電場を足せばいい。クーロンの法則を使って距離 r の2乗に反比例することになる。r を斜辺、a を底辺、ρ を高さと考えれば、電場を求める

のは簡単である。2 つの電場ベクトルを足すと、面に水平な成分は消えて、面に垂直な成分しか残らない。それは、

$$E = \frac{2q}{4\pi\varepsilon_0 r^2}\frac{a}{r}$$

になる。ここで $r = \sqrt{a^2 + \rho^2}$ であり、因子の 2 は 2 つの電荷による。(a/r) がかかっているのは、斜辺の成分から垂直成分（＝底辺に平行な成分）を求めたからである。これから電荷分布は ρ の関数として、

$$\sigma(\rho) = \varepsilon_0 E(\rho) = -\frac{2aq}{4\pi(a^2 + \rho^2)^{3/2}}$$

と求まる。

●例題その 2

接地した導体球の前に電荷 q を置いたらどうなるだろう？

■導体球近くに電荷を置いたときにできる電荷分布

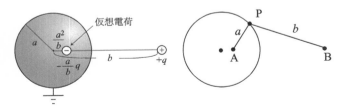

導体球表面でポテンシャルがゼロになるような仮想電荷はアポロニウスの定理から求められる。

アポロニウスの定理
AP：PB ＝ a：b
となるような P の軌跡は円となる。

今度の答えはちょっと複雑である。半径 a の球の中心から距離 b のところに電荷 q を置いたとする。そのとき、球面のポテンシャルをゼロにするためには、図のように、球の中心から (a^2/b) のところに電荷 $(-qa/b)$ を置けばよい。

　この問題は幾何学の「アポロニウスの定理」というものらしい。

アポロニウスの定理
　2点からの距離が一定の比になるような軌跡は円である

　らしいと言ったのは、不勉強なので、私は、電磁気学のこの問題を見るまでは、こんな定理を知らなかった。2点の間に糸を張って鉛筆でぐるりと回すと楕円になることは知っていたが——。

　気の利いた解説ができなくて恐縮だが、とにかく、古人の智慧を熟知している物理学者が、球面鏡の中心からちょっとズレた位置にちょっと小さなマイナス電荷を置くと導体球面がポテンシャル・ゼロになることに気づいたわけである。

　というわけで、われわれは、「電荷 $(+q)$ と $(-qa/b)$」だけがある空間を考えて鏡の位置の電場を計算すればいいのである。

　この問題にはいくつかの応用がある。

　まず、球が接地されていなくてポテンシャル・ゼロでない場合である。この場合、単に球の中心に3つ目の電荷を置けばいい。球の中心に電荷が増えると球面は等ポテンシャルのまま、その値だけがシフトする。

さらに、球と電荷ではなく、球と球の問題も考えることができる。

　子供の頃、ベーキング・パウダーの箱でそのラベルにベーキング・パウダーの箱の絵があり、その箱のラベルにまたベーキング・パウダーの箱の絵がある……で遊んだことのある人なら、次の問題に興味をもつにちがいない。全電荷 $+Q$ の球と、全電荷 $-Q$ の球がある距離におかれている。その間の力はどうか。この問題は無数の映像をつくって解決される。まず球を中心にある電荷で近似する。この各々は他の球内に映像電荷をもつ。その映像電荷がまた映像をつくる……。この解はベーキング・パウダーの箱の上の絵に似ている。

（3 巻　6–9　76 ページ）

ロシアのマトリョーシカ人形みたいに入れ子になっている問題だ。魔法の鏡という考えでは、さらに複雑な幾何学的な問題もたくさん解くことができる。

◆ ε_0 の直感的イメージ

『ファインマン物理学』第 3 巻の第 12 章は「静電アナログ」という題になっている。ようするにアナロジー（類比）で電場に対する理解を深めよう、というのである。アナロジーといっても文学的なものとは違って、物理学では「方程式が同じ」ことを意味する。

ちょっと細切れの引用が続くが、一気にファインマン先生のあげている事例を列挙してみよう。

　多くの異なった物理的事情に対し方程式は正確に同じ形をしている。もちろん記号がちがっている——ある文字が他の文字と代っている——、しかし式の数学的形式は全く同じである。従って、一つの問題を勉強すれば、直ちに別の問題の方程式の解について直接の正しい知識を多く持つことになる。

（3巻　12–1　146ページ）

　ファインマン先生が紹介しているのは、熱流、膜、中性子拡散、渦なしの流体、照明といった、一見、なんの関係もない現象だが、このうちのいくつかの例を考えてみることにより、われわれは、静電場の具体的なイメージを養うことができるのだ。

　定常熱流と静電気の問題は同じである。熱流ベクトル h は E に、温度 T は ϕ に対応する。まえにのべたように、点熱源は $1/r$ のように変わる温度場と、$1/r^2$ で変わる熱流をつくる。これは点電荷が $1/r$ のポテンシャル、$1/r^2$ の電場をつくるという静電気学の表現の翻訳にすぎない。

（3巻　12–2　148ページ）

　アナロジーは、さらに進んで、たとえば絶縁体は断熱材に相当する。この例から、われわれは、どうやら静電場が

熱のように「じわじわ」と周囲に拡がってゆくものであることを実感する。

　次は、太鼓の薄い膜のような例である。膜は張ってあるので、表面張力 τ がある。それを力 F で押すのである。すると膜は上下に距離 u だけ変位する。このような問題の方程式も静電場の方程式と同じになる。その対応関係は、

$$\text{変位 } u \quad = \text{ポテンシャル } \phi$$
$$\text{力 } F \quad\quad = \text{電荷密度 } \rho$$
$$\text{表面張力 } \tau = \text{誘電率 } \varepsilon_0$$

　うーん、そうだったのか。いま一つ意味不明だった ε_0 という定数は「表面張力」に相当するものだった。添え字の 0 は真空中という意味なので、ある意味、真空の「張り」のことだと考えていただいてもよい。この例によって、われわれは、ε_0 の直感的なイメージを手に入れることができた。

　面倒な静電問題を実験によって解くためにゴム膜がよく使用された。反対向きに類似を利用するわけである！いろんな棒をおしつけて一組の電極の電位に応ずる高さにシートを持ち上げる。そして高さを測れば、電気の場合の電位がわかる。類似はさらに進む。膜の上に小球をおくと、その運動は近似的に対応する電場内の電子の運動を表す。こうして "電子" が軌道上をうごく有様が眼でみられる。

（3 巻　12–3　151–152 ページ）

お次は流体である。ただし、かなり風変わりな流体である。

　我々の扱うのは、非圧縮性の、粘性のない、循環のない流体の定常流の場合だけである。

（3巻　12-5　154 ページ）

　通常の水の場合は、粘り気があり、圧縮もされるし、回転だってする。そういった水の個性をなくしてしまった無味乾燥な流体が静電場 E に似ているのである。数学者のフォン・ノイマンは、このような流体を「乾いた水」と呼んだそうである。言い得て妙だ。

　さて、こんな具合にいくらでもアナロジーを展開することは可能だが、やはり、素朴な疑問が脳裏をよぎる。

　ちがう現象の方程式がそんなに似ているのはなぜか。

（3巻　12-7　158 ページ）

　この問題に対しては、ファインマン先生は、次のような正鵠を射る解答を示している。

　つまりすべての現象に共通する素材は物理をはめ込む枠になっている空間ではないだろうか。物事が空間内で十分に滑らかであれば、関係する重要なことは量が空間の点と共に変化する率である。これがいつも grad の式を得るもとになる。微分は grad または div の形で現われるはずである；物理法則は方向に無関係であるから、べ

クトルの形に表される。静電気の方程式は量の空間微分
だけ含むもののうち一番簡単なベクトル方程式である。
どんなほかの単純な問題——あるいは複雑な問題を単純
化したもの——も静電気と同じになるはずである。われ
われの問題すべてに共通している事は空間が関係してい
ることと、ほんとうは複雑な現象を簡単な微分方程式で
まねたことである。

（3 巻　12–7　159 ページ）

◆場より重要なもの

　静電場 E はポテンシャル ϕ から導くことができる。そ
の理由は、静電場の方程式の一つ：

$$\nabla \times E = 0$$

にある。

　巻末の「数学的な補遺」のところに示したが、ベクトル
の数学において、$\nabla \times (\nabla T) = 0$ という恒等式がある。つ
まり、回転がゼロであるようなベクトル場は、∇T という
具合に、なんらかのスカラー場 T の勾配 ∇T と書くこと
が常に可能なのである。それは数学的に保証されている。
T でも構わないが、静電ポテンシャルは ϕ と書くことが
多く、無限遠点でのポテンシャルをゼロと定義する習慣な
ので、

$$E = -\nabla \phi$$

と書くのである。ϕ はスカラー場であり、電位であり、電場の「等高線」にあたる。

　同様に磁場 B もポテンシャルから導くことができる。ただし、今度は、$\nabla \cdot (\nabla \times h) = 0$ という恒等式を利用する。磁場 B は、

$$\nabla \cdot B = 0$$

を満たすので、B は、常に、なんらかのベクトル場 h の回転として表すことができる。単なる記号の問題だが、h ではなく A と書いて、

$$B = \nabla \times A$$

と書くことにする。A はベクトル場であり「ベクトルポテンシャル」と呼ばれる。

　電場のときとちがって、ベクトル場 B を別のベクトル場 A で書いても何も御利益はないように思われる。少なくとも電磁気学の教科書レベルの計算では、たしかに便利とはいいがたい。だが、ベクトルポテンシャルは、量子力学になるといきなり大活躍を始めるのである。そして、本書の主題である古典電磁気学も、最終的には量子電気力学という学問の「近似」と考えられるのであり、量子力学のほうが、より基礎的な理論なので、ベクトルポテンシャルの話は避けて通ることができないのである。

　『ファインマン物理学』全5巻の一つの特徴は、随所に基礎理論である量子力学と相対性理論が登場することであろう。実際、ファインマン先生は、古典力学と古典電磁気学の授業をやりながら、諸君、本当はもっと基礎的な理論が

154

存在するのだよ、と言いたげなのである。

column
量子力学と相対性理論と 4 元ポテンシャル

　本書では量子電気力学の方程式に深入りすることはできないが、その恰好と、スカラーおよびベクトルポテンシャルがどのように関係するかだけご紹介することにしよう。

　たとえば電子を量子力学的に記述する方程式はディラック方程式と呼ばれていて、こんな恰好をしている。

$$(-i\gamma_\mu\partial_\mu + m)\psi(x) = 0$$

　ここで $\partial_x = \partial/\partial x$ などという略号を使った。$\psi(x)$ は 4 行 1 列の行列で添え字の μ は 0 から 3（t から z）までの和をとる。

　量子力学では電子は粒子であると同時に波動でもある（量子とは、粒子性と波動性を合わせ持ったような不思議な存在であり、古典的な概念では理解することができない）。量子は「波動関数」という関数で表され、波動関数の 2 乗が「電子がそこにある確率」を表す。量子は波動の性質を持つので、それが「どこにあるか」も確率的にしか計算できない。

　この方程式は相対性理論を組み込んでいるので相対論的量子力学の方程式になっている。相対論を組み込んだときの一つの特徴は、たとえば、1 次元のスカラーと 3 次元のベクトルがバラバラではなく一まとまりの「4 元ベクトル」（＝ 4 次元ベクトル）になること

である。たとえば (t, x, y, z) も時間と空間が一緒になった4元ベクトルであるし、(ρ, j_x, j_y, j_z) は電荷密度と電流密度が一緒になっているし、$(\partial t, \partial x, \partial y, \partial z)$ も4元ベクトルだ。

さて、こんな恰好をしたディラック方程式であるが、ここには電磁場は入っていない。電子だけである。

そこで、電子が電磁場と相互作用するときにどういう方程式が必要になるかであるが、実は、古典論の場合の $F = q(E + v \times B)$ に相当するのは、ディラック方程式において、

$$i\partial t \quad \rightarrow \quad i\partial t - q\phi$$
$$i\partial x \quad \rightarrow \quad i\partial x - qA_x$$

などという置き換えをするだけでいいのである。ここには電場 E も磁場 B も出てこない。量子電気力学の基礎方程式にはスカラーポテンシャル ϕ とベクトルポテンシャル A が入り込むのである。

これは、宇宙の基礎的な部分においては、電場や磁場という「力」と密接に関係した概念よりも抽象的なポテンシャルのほうが重要な役割を果たしている、ということであろう。

もちろん、(ϕ, A_x, A_y, A_z) も一まとめにして4元ベクトルとして扱う。

さて、ちょっと天下りで申し訳ないが、ソレノイドの磁場 B とベクトルポテンシャル A を書いておく（ソレノイドとは、導線をらせん状にぐるぐると円筒状に巻いたも

の。いわゆるコイル）。

■ソレノイド

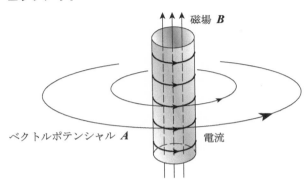

磁場 **B**

ベクトルポテンシャル **A**

電流

　ここでの議論に具体的な数値は必要ない。要点は、磁場
はソレノイドの内部にしかなく、外部には存在しないこと
と、ベクトルポテンシャルはソレノイドの外部にも存在す
ることである。

ポイント　ソレノイドの外部に磁場 **B** はないがベクトル
　　　　　ポテンシャル **A** は存在する

　この事実だけを頭に入れてから、次のような量子力学の
実験をやってみる。

　これは量子力学の教科書の冒頭で必ず紹介される有名な
実験である（『ファインマン物理学』の第 5 巻でも、もち
ろん詳細に論じられている）。

　源から発射された量子（たとえば電子）は孔が 2 つあ

■ソレノイドによる干渉

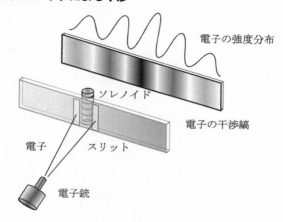

電子の強度分布

ソレノイド

電子の干渉縞

電子　スリット

電子銃

いた壁を通って検出器に達する。通常の古典粒子なら孔の位置を中心とした分布になるが、量子は波動の性質を持つので、「干渉」という波動に特有の現象が観測される。これは、一言でいうと、2つの孔を通り抜けた量子が干渉し合って、その結果、検出される分布が「縞模様」になること（詳しくは『「ファインマン物理学」を読む　量子力学と相対性理論を中心として』をご覧ください）。

さて、この実験を少し変えて、壁のすぐ後ろに細いソレノイドを置いてみる。すると、電子が到達する位置が少しズレるのである。ソレノイドは極細であり、また、孔と孔の真ん中の壁の近くに置いてある。だから、電子がソレノイドを通る確率は限りなくゼロに近い……にもかかわらず、電子の干渉パターンには（それなりに大きな）差が見いだされる。

　ソレノイドの外部に磁場 B はない。だから、その磁場
の存在しない空間を飛んでいる電子には力はかからないは
ずだ。$F = qv \times B$ というローレンツの式で $B = 0$ にし
たら、電子にかかる力はゼロのはずだから。

　ところが、電子の径路はソレノイドの影響によって曲
がる！

　古典論でいうとこれは不可能である。古典的には力は
B にだけ関係するから、ソレノイドに電流があること
を知るには、粒子がそこを通りぬけねばならない。と
ころが量子力学では、外側をまわるだけで——近付かな
いでも——ソレノイドの内部に磁場があることを発見で
きる！

（3 巻　15-5　194 ページ）

　この実験の解釈はいろいろとあるだろう。だが、どう
やら、量子力学においては、磁場 B よりもベクトルポテン
シャル A のほうが重要らしい。ソレノイドの外を飛んで
いる電子は、磁場 B を感じることはできないが、ベクト
ルポテンシャル A は感じているはずだから。

　それにしても、なぜ、ファインマン先生は、このような
話題を何ページにもわたって詳細に解説しているのか。

　実は、電磁場は物理的に実在するが、ポテンシャルは数
学的な便宜以上ではなく、ましてや物理学的な実在とはい
えない、と考える人が多かったのである。実際、古典電磁
気学だけを勉強していると、すべてを電場 E と磁場 B で
記述すれば事足りる、という印象を抱きやすい。だが、本

当に物理学的に基礎的なのは、むしろポテンシャルのようなのである。

第 4 章

電磁気学の
致命的な欠陥
くりこみ理論への道

Reading
"The Feynman Lectures
on Physics"

The Feynman

私は「くりこみ」とひらがなで書く習慣があるんですが、そうした
ら、それを書いた校正刷りがきまして、それを見ましたら、「しりご
み」になっているんです。「しりごみ理論」と。

——朝永振一郎

◆生まれたばかりの赤ん坊

　これまでの章で、電磁気学の全体像がおぼろげながら摑めてきたはずである。3 章では静電場と静磁場について考えた。この章では、電磁誘導の現象をご紹介したのち、アンテナや偏光などの個別的なトピックスを渡り歩いて、最終的には「くりこみ理論」へと話をつなげてゆくつもりだ。

　さて、電磁現象で最初に発見されたのは、電流が磁場を作ること、すなわちアンペールの法則である。もともとデンマークの物理学者ハンス・クリスティアン・エルステッドが 1820 年に、電流の傍らに方位磁石を置いて、電流を変化させると磁石が振れる実験をやったのが発端である。それを数学的な論文に仕立て上げたのがフランスの秀才アンドレ=マリー・アンペールだった（アンペールは 12 歳で当時の数学をすべてマスターし、20 代半ばには物理学の教授になっている）。

　そこで、当然のことながら、逆はどうかと人々は考え始めた。電流が磁場を作るのだから、磁場も電流を作る（誘発する）のではないかという予想である。

　　　電流　→　磁場　→　電流

という図式である。

　だが、誰が実験してもうまくいかない。
　いったい何が悪かったのだろうか？

　やっと 1840 年にファラデーが見落されていた本質的な要因を発見した。それは変化するものがあるときに

限って電気的作用が存在することである。1 対の針金の
どちらかの電流が変化すると、別の方に電流が誘起され
るし、ある電気回路の近くで磁石が動くと、電流が起る。
このとき電流が誘導されるという。これがファラデーの
見付けた誘導作用である。

（3 巻　16–1　202 ページ）

そうなのだ、磁場が変化しなくてはならないのだ。

ガウスの法則やアンペールの法則の微分形を積分して
「目に見える大きさ」の世界に適用できるようにしたのと
同様、ここでは、マクスウェルの方程式の 2 番目の「ファ
ラデーの法則」を積分してみたい。

もう手順はおわかりだろう。

ファラデーの法則は電場 $\boldsymbol{E}$ の「回転」を表しているの
だから、ストークスの定理（巻末参照）を使うにちがいな
い。実際、その通りであって、まずは、

$$\nabla \times \boldsymbol{E} = -\frac{\partial \boldsymbol{B}}{\partial t}$$

の両辺を面積分する。

$$\int_s (\nabla \times \boldsymbol{E}) \cdot \boldsymbol{n} dS = \int_s -\frac{\partial \boldsymbol{B}}{\partial t} \cdot \boldsymbol{n} dS$$

そして、左辺の電場の回転の面積分をストークスの定理
によって線積分に変換する。

$$\oint_\Gamma \boldsymbol{E} \cdot \boldsymbol{n} ds = \int_s -\frac{\partial \boldsymbol{B}}{\partial t} \cdot \boldsymbol{n} dS$$

$$= -\frac{\partial}{\partial t} \int_s \boldsymbol{B} \cdot \boldsymbol{n} dS$$

　ここで、面 S は、磁場 B が突き抜ける任意の面であり、閉曲線 Γ は、その「縁」である。一番右の時間変化は積分の外に取り出すことができる（なぜなら面は固定されていて時間変化しないから！）。

　いかがだろう？

　　"磁束規則"（＝回路の起電力は、その回路を突き抜ける
　　磁束の変化率に等しい）は、常に適用できる。場が変化
　　して磁束が変化するのか、それとも回路が動いて磁束が
　　変化するのか（あるいはその両方か）、にはよらない。法
　　則の文面からすれば、"回路が動く" ことと "場が変化す
　　る" こととは区別できない。

　　　　　　　（原書第 2 巻　17–1　竹内訳（岩波版 3 巻　213 ページ））

　磁場のあるところで電線を動かしたり磁石を動かしたりすると、電線には起電力が生まれる、というのである。ようするに磁場が変化すると電流が流れるわけである。

　起電力は「*electromotive force*」の訳である（岩波版では *emf* のままになっている）。直訳すれば「電気駆動力」という感じか。まさに、回路内の電荷を駆動する力のことである。起電力により電荷が動く、すなわち電流が流れる。

　一つだけ注意していただきたいのは、磁場 B の時間変化の前についているマイナス符号である。これは、ようするに、磁場の変化と「反対」になるように電場が回転する、ということだ。いいかえると、電場は、磁場の変化を妨げるように生じる。

　ここで電線のほうが動いても磁石のほうを動かしても同

じように起電力が生じることが重要だ。どちらかが絶対的に静止しているというのは（アインシュタインの相対性理論以降は）無意味だからである。

　ファラデーの法則は具体的にどんな役に立つのだろう？

　たとえば水力によってコイルを回転させてやる。すると磁場の中で電線を動かしたことになるので、コイルには電流が流れる。これは「発電機」の原理である（これを逆に使って、コイルに電流を流してやると、コイルは磁場から力を受ける。うまくタイミングをはかって、電流の向きを交互にすれば、コイルは同じ方向に回転を続ける。これがモーターの原理である）。

■モーター

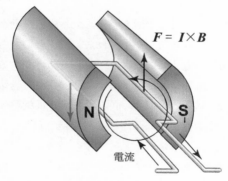

$$F = I \times B$$

N　S

電流

　だが、ファラデーの世紀の大発見も当初は冷たい目で見られていたようである。

変化する磁束が emf をつくるという注目すべき発見をファラデーが発表したとき、"それは何の役に立つのか"という質問をうけた（新しい自然の事実を発見した人はだれでもこのような質問をうけるものだ）。彼が発見したことといえば磁石の近くで針金を動かすとき微弱な電流ができたという奇妙な事にすぎなかった。どのような"利用"が可能だろう。彼は答えた："生まれたばかりの赤ん坊は何の役に立つだろう"。

（3 巻　16-4　209 ページ）

やはり歴史的なエピソードの紹介である。軽いようだが思想的には深いものがある。この何気ない質疑応答には、純粋科学の精神のようなものが感ぜられる。

◆何が電磁エネルギーを運ぶのか

古典力学で高さ y のところにある質量 m の物体はポテンシャルエネルギー mgy を持つことを教わった。それが落ちてきて高さがゼロになると、運動エネルギー $(1/2)mv^2$ に変換されるのであった。

このようにエネルギーは姿を変えて互いに移り変わる。

発電機やモーターの場合も力学的エネルギーと電磁エネルギーが互いに移り変わったのであった。

ところで電磁場自体もエネルギーを持っている。電磁波を考えれば、そこになにがしかのエネルギーの移動があることは容易に想像できる。前に電場 E をアナロジーに

よって流体の速度 v のイメージでとらえたことを思い出していただきたい。そして ε_0 は太鼓の膜の表面張力と同じだった。表面張力が大きいと同じ力で膜を押しても変位は小さいから、これは、一種の慣性と考えることができる。動きにくさということなので、力学の質量と似ているではないか。

だとすると、電磁場の単位体積あたりのエネルギーは、

$$\frac{1}{2}\varepsilon_0|\boldsymbol{E}|^2 + \frac{1}{2}\varepsilon_0 c^2|\boldsymbol{B}|^2$$

と考えることができる（$(1/2)mv^2$ と比べよう）。第2項は磁場のエネルギーである。電磁場があるときは、空間に、このようなエネルギーが充満しているわけだ。

エネルギーがあるのなら、運動量もあるのかと言えば答えは yes だ（物体の場合、運動量は mv である）。電磁波のところを思い出すと、電磁波の動く方向は $\boldsymbol{E} \times \boldsymbol{B}$ だった。電磁場にはエネルギー密度があって、それが動くのだから、電磁波はエネルギーの流れを持っている。いいかえると運動量を持っていることになるわけだ。それは発見者の名前をとって「ポインティングのベクトル」と呼ばれている。

$$\boldsymbol{S} = \varepsilon_0 c^2 \boldsymbol{E} \times \boldsymbol{B}$$

なんだろう、コレ？ いくつかの例を見てみよう。

コンデンサーの間には一定の電場がある。だが、充電中は電場が変化する。その変化分だけコンデンサーの間の空間のエネルギー密度は増えるはずだ。そのエネルギーは、なんと、ポインティングのベクトルによって、コンデ

■ポインティングベクトル

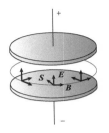

コンデンサーの
ポインティングベクトル

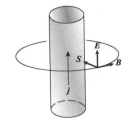

電流の周りのポインティングベクトル

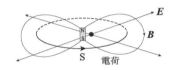

電荷と磁石の作るポインティングベクトル

ンサーの外部から流れ込んでいるのである。もちろん、そのエネルギー流の源は、電線の中の電荷である。面白いのは、コンデンサーの間のエネルギーが、導線を伝わってではなく、周囲の空間から流れ込むことだ。

　通常の電流が流れている導線の場合にも外部からポインティングベクトルによるエネルギーの流入がある。このエネルギー流は導線の中に入って熱エネルギーに姿を変える。

　直観的にいえば、電子は導線に沿って押されることによってエネルギーを得るので、そのためエネルギーは導線に沿って流れ下る（あるいは上がる）と思われるかも

知れない。しかし理論によれば、電子は実は電場によって押されるのであって、この電場ははるかに遠くのどこかにある電荷に起因するものである。そして熱になるエネルギーは電子がこの電場から得たものである。とにかく、エネルギーは遠くの電荷から広い空間を通ってきて導線の中へ入ってくるのである。

（4巻　6-5　89ページ）

さらにもう一つ、静止した磁石と電荷がある情況を考えよう。この場合、ポインティングベクトルはグルグルと回っている。

われわれの目には磁石と電荷しか見えないが、その周囲の空間には、電磁場のエネルギーがありエネルギー流がある。

エネルギーの保存や運動量の保存を考えるときには、だから、目に見える物体だけでなく、空間側の事情も考慮しないと計算が合わなくなるのである。

そのような興味深い事例が第3巻の17-4節に出ている。この例は、とても面白く、たとえばインターネットで「*Feynman Lectures 17-2*」というキーワードで検索をかけてみれば、いろいろな人がこの問題を論じていることがわかる。

これは上下を固定されたプラスチックの独楽（こま）の上にコイル（ソレノイド）と金属玉がおいてあるものだ。

最初、独楽は止まっていて、コイルには電池によって電流が流れている。

電流が流れている間はソレノイドを通る磁束が円板の軸に大体平行に存在した。電流がとまると、この磁束も０になる。従って電場が誘導されて、軸と同心に円上をまわる。円板の周辺の帯電球はどれも円板の周辺の接線方向の電場を受ける。この電気力はすべての電荷に同じ向きに働くので、円板に合成のトルクが働くことになる。この議論から、ソレノイドの電流がなくなると円板はまわりはじめると考えられる。（中略）しかしちがった議論もできる。角運動量の保存の原理を使うと、道具一式つきの円板のもつ角運動量ははじめに０であるから、全体の角運動量はいつも０でなくてはならない。電流がとまったとき回転はあり得ない。どちらの議論が正しいだろうか。円板はまわるのかまわらないのか。この疑問を諸君の考えるのにまかせよう。

（3巻　17–4　218ページ）

つまり、ファラデーの誘導電流の考えを用いれば、磁場が変化するので、それを食い止めるような向きに磁場が発生するのである。すなわち、もともと流れていたコイルの電流と同じ方向に電場が生じて、変化を妨げようとするのである。だから独楽は回る。

だが、角運動量（いわば回転の勢い）の保存則を考えると、反対の結論に達する。独楽は回らない。

いったい、どっちなのだろう？

さて、この問題のポイントは、コイルと金属球と独楽という目に見える物体にだけ注目していては計算が合わない、ということだ。

■独楽は回るか？

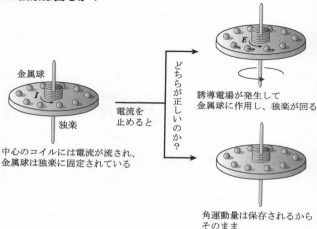

金属球

独楽

中心のコイルには電流が流され、
金属球は独楽に固定されている

電流を
止めると

どちらが正しいのか？

誘導電場が発生して
金属球に作用し、独楽が回る

角運動量は保存されるから
そのまま

　電流が切られたとき、円板は回転し始めなければならな
かった。問題は、角運動量がどこからきたかということ
である。答は、磁場と電荷とが存在するところには、場
の中に角運動量が存在するということである。この場が
作られたときにこの角運動量もそこにおかれたのであ
る。場が消されたときは、角運動量は戻されてくる。

(4巻　6-6　94ページ)

　つまり、周囲の場に含まれる角運動量まで考慮に入れれ
ば、「独楽は回る」という正しい答えがえられるのである。
角運動量の保存則は、独楽だけでなく場をも含めて適用し
なくてはいけないのだ。

　場の実在性を確認できるいい練習問題だといえよう。

◆電磁波の送受信

　電磁波の送受信に関連する話を見ておくことにしよう。

　衛星放送を見るときにマンションや一戸建てのベランダにつけるパラボラ・アンテナがある。パラボラとは「放物線」のことである。あのアンテナは、どうして放物線の恰好をしているのだろうか？　あるいは天文観測用の巨大な電波望遠鏡も放物線の形をしているが、いったいなぜだろうか？

■パラボラアンテナ

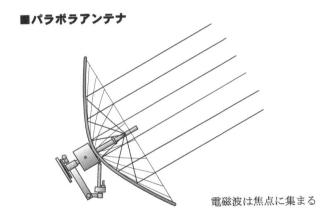

電磁波は焦点に集まる

　遠くからやってくる電磁波……話をわかりやすくするために光を考えよう。光は、遠くから来るので、ほぼ平行にアンテナに入ってくる。アンテナの面への入射角と反射角は同じなので、放物線だと、図のようにうまく「焦点」のところに光が集まる。つまり、平行な光線を焦点に集める

ような幾何学的な形が放物線だったのである。だからパラ
ボラ・アンテナがあちこちに見られるのである。

さて、今度は、電磁波の送信に話を移そう。電磁波は、
静電場とちがって、距離の2乗ではなく距離の1乗に反
比例して弱くなる。そもそも電磁波は電荷の運動によって
生じ、その中には静電場や時間変動する電磁場の成分が含
まれるわけであるが、距離が遠くになるにしたがって、静
電場の成分は（距離の2乗に反比例するから）急激に減衰
して効かなくなってしまい、距離（の1乗）に反比例する
（時間変動する）成分だけ残るようになる。この成分は、
電磁波の源となった電荷が加速度的に動くことによって生
じる。

まず、電荷が一直線上を、極めて小さな振幅で、上下の
加速度運動をしているとき、運動の方向と θ の角度を
なす方向における電場は、視線の方向に直角であり、さ
らに視線と加速度とを含む平面の中に含まれている（図
4-1）。距離を r としたとき、時刻 t における電場は

$$E(t) = \frac{-qa(t - r/c)\sin\theta}{4\pi\varepsilon_0 c^2 r} \tag{4.1}$$

という大きさをもつ。ここで $a\left(t - \frac{r}{c}\right)$ は時刻 $t - \frac{r}{c}$ に
おける加速度で、遅延加速度ともよばれる。

（2巻 4-1 33ページ）

この $a(t - r/c)$ は加速度 a に $(t - r/c)$ が掛かっている
のではなく、加速度 a が $(t - r/c)$ の関数であることを意
味する。$f(x)$ と同じ表記法だ。t は時間なので、これは、

■振動する電荷の発生する電場

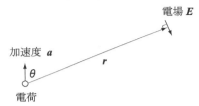

上下に加速度運動をする正電荷が
θ 方向に作る電場は、r に垂直で
a と r を含む平面内にある。

電荷から距離 r のところにできる電場は、(r/c) という時間だけ「昔」の電荷の加速度に依存することを意味する。

なぜだろう？

電磁波は光速 c で飛んでくる。だから、距離 r のところに飛んでくる電磁波は、時間 (r/c) だけ昔に電荷から発せられたものなのである。

夜、星空を見るとき、われわれは何万年も昔に遠くの星から発せられた光を目にする。情報が伝わるのに時間がかかるのである。あれと同じだ。

さて、送信の問題を考えるときには、位相のズレがポイントになる。たとえば、2 つの接近した電荷が一緒に同期して振動しているときは、「同じ位相」もしくは「ゼロ位相」で動いていると表現する。互い違いの動きをしているならば、「位相が 180 度ズレている」と表現する（実はここで注意してほしいのだが、電荷の振動とは、プラスの電荷とマイナスの電荷がペアとなって振動することを指している。そのペアと他のペアの振動が同期しているかしていな

いかという話である。電荷のペアのことを双極子という）。

　今度は実際に役に立っている興味ある例をあげよう。振動体の位相関係に興味をもつ理由の一つは、ラジオ送信器で特定の方向にビームを送る問題と関係があるからだ。たとえばアンテナ系を作って、かりにハワイにラジオの信号を送ろうとしたとする。アメリカから見てハワイは西になるから、アンテナを図4-5（a）に示したようにならべ、二つのアンテナの位相を一致させて放送すればよい。ところで明日はカナダのアルバータに向けて放送しようとする。ここは西でなく北になるので、一方のアンテナの位相を逆にする必要がある。そうすれば北に向けて放送することができる。このようにいろんな配置のアンテナ系を作ることができる。

（2巻　4-4　37ページ）

■半波長離れた2つの双極振動子が生む電磁波の強さ

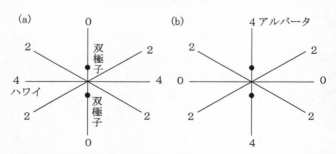

双極子の位相が合っているときは左右の方向の強度が強い。

双極子の位相が逆のときは上下の方向の強度が強い。

　この例は、2つの双極振動子が半波長だけ離れていて、ゼロ位相で（＝同期して）振動している場合と位相が180度ズレて（＝互い違いに）振動している場合である。電磁波は波なので、受信地点で波の山と山が重なれば強め合うし、山と谷が重なれば相殺し合って弱くなる。電磁波の強度は波の振幅の2乗なので、振幅が強め合って2倍になれば強度は4倍になる。

　実際には、双極振動子の距離を変えたり、数を変えたりして、遠方での波の重ね合わせを工夫することにより、ある特定の方向に電磁波を強く飛ばすことが可能になる。

◆中性なのに遠くから見ると中性に見えない？

　双極子アンテナの例が出てきたので、静電場の双極子にも触れておこう。『ファインマン物理学』第3巻の6-2から6-5あたりに出ているのだが、たしかに、素朴な疑問が脳裏をよぎる。

「いったい、なぜ、わざわざ双極子などというものを考えたのであるか？」

　双極とは極が2つあるという意味であり、もっと厳密には、接近したペアの電荷のことである。プラスの電荷とマイナスの電荷が凄く近くにあるのである。

全体として中性な電荷のどんな集りでも、それから遠くはなれた所では、ポテンシャルは双極ポテンシャルになる。$1/R^2$ のように減少し、$\cos\theta$ の変化をする。そしてその強さは電荷分布の双極モーメントに関係する。1 対の点電荷という簡単な場合はほとんどないが、双極場が重要なのはこの理由による。

（3 巻　6-5　72 ページ）

　ちょっと信じられないような話だが、どんな物質でも、プラスとマイナスが打ち消し合って全体として中性になっているものは、遠くから見ると双極子の集まりに見えるというのである。

　よくよく考えてみれば、これはあたりまえの話だ。

　なぜならば、電子にしろ原子核にしろ、同じ場所に重なっているわけではないからである。打ち消し合うはずのプラスとマイナスの電荷は、少し位置がずれている。だから、第 1 近似では総電荷ゼロで電場はないことになるが、もっと精密に計算なり観測なりをして第 2 近似まで考慮す

■双極子の電場

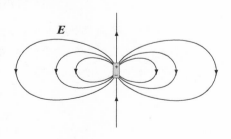

ると、そのズレの分の電場が存在するのである。

双極子は、ポテンシャルが距離 R の2乗に反比例して、角度によって大きさがちがってくる。電場は、ポテンシャルの微分なので、距離の3乗に反比例することになる（つまり点電荷の2乗と比べて急激に弱くなる。だからこそ第2近似というわけである）。

◆なぜ、光は横波か？

東京の飯田橋駅から歩いて一分のところにカナルカフェという洒落たレストランがあって、夏になると涼しい風を頬に受けながら、神田川のお堀の水面（みなも）を観賞しつつ食事ができる。

カナルカフェに限らず、水辺でくつろいでいるときに困るのが、水面からの太陽の反射である。あのギラギラ感はサングラスをかけて防ぐしかない。だが、ギラギラ感を科学的にカットするためには通常のサングラスではダメで、偏光サングラスという特殊仕様のものをかけないといけない。偏光サングラスは、その名のごとく、「ある特定の偏光状態をカットする」ようなサングラスなのである。

ところで、偏光って何だろう？

ギラギラ感のもとになる何かだろうし、言葉から類推すると「光が偏っている」のだとわかるが、いったい、光の何がどう偏っているのだろう？

もう少し知識が増えてくると、光が電磁波の一種（＝波長が1000分の1ミリ程度の電磁波）であることがわかっ

て、偏光は、その電磁波の電場と磁場のベクトルの先端が特定の方向に偏っているのだという理解に達する。そして、電場と磁場は直交していて、各々、偏りの方向は2つの可能性しかないことも教わる。さらには、ベクトルの先端が直線上を行ったり来たりする「直線偏光」のほかにもグルグル廻る「円偏光」や「楕円偏光」というものもあることがわかる。

で、それで偏光が何だか、本当にわかったのだろうか？

ここでは、『ファインマン物理学』の第2巻と第5巻の該当部分を読むことにより、偏光という不思議な性質の本質に迫ってみたい。

光が目に入るとき、それは偏光している。それは、次のようにしてイメージすることができる。

　　球を長い糸で支点から吊し、水平面内で自由にふらせると正弦的な振動をする。球の静止の位置を原点にとり、水平面内で x 座標と y 座標とを考えると、球は x 方向でも y 方向でも、同じ振子の周期で振動する。始めの位置と初速度とを適当にすれば、球を x 軸上で、あるいは y 軸上で、または xy 面の任意の直線上で振動させることができる。

（2巻　8–1　87–88ページ）

つまり、光は振り子みたいに振動しながら進んでくるのである。ただし、われわれは、振り子を真下から見ていることに注意。床に仰向けになって、糸からぶら下がった球（＝振り子）を手で顔の上で振動させる。そして、手を顔

■光の振動

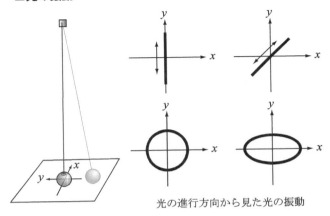

光の進行方向から見た光の振動

に近づける。これが正面から目に飛び込んでくる光を観測するときのイメージである。

　振り子の振動方向は視線方向と直角である（振り子は全体として目に向かって進んでくるが、決して、視線方向には振動しない）。これを「光は横振動しかしない」と表現する。

・縦振動＝光の進行方向への振動
・横振動＝光の進行方向と直角な方向への振動

　これは地震波を考えるとわかりやすい。
　地震波には圧力波として縦方向（＝進行方向）に揺れる波と横方向に揺れる波とがある。電磁波の場合には、この圧力波に相当する波の偏りが存在しない。

なぜだろう？

縦振動は、ある意味、前に進んだり後ろに戻ったりしながら全体として進んでゆく波なのだ。ということは、一時的に波は速くなったり遅くなったりする。ところが、電磁波は常に一定速度（＝光速）で進むのである。だから、原理的に縦波はありえないのである。

さて、水面のギラギラ感について、ファインマン先生は、こんな具合に明快に説明してくれている。

光が表面から反射するとき、もし反射光線と物質中の屈折光線との間の角が直角になるなら、反射光は完全に偏るということが、実験的にブルースターによって発見された。この事情は図 8–4 に説明してある。もし入射光が入射面内に偏っていれば、反射光は全くなくなる。入射光が入射面に垂直に偏っている場合だけ、反射するのである。その理由は極めて理解し易い。われわれが反射光とよぶ外に出ていく光をつくるのは、物質中における電荷の運動であることを知っている。このいわゆる反射光の源は、単純に入射光のはね返ったものではない。われわれはこの現象を立入って考察し、入射光は物質中の電荷を振動させ、それが代りに反射光を作りだすのだということを知っている。図 8–4 から、紙面に垂直な振動だけが反射方向に光を送りだせることが明らかである。したがって反射光線は入射面に垂直に偏ることになる。それでもし入射光が入射面内に偏っていれば、光は全然反射されないのである。

（2 巻　8–4　93 ページ）

■光の反射

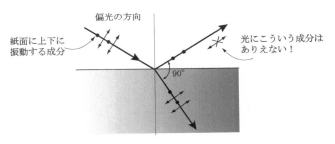

直線偏光のブルースターの角度での反射

次に第５巻に飛び移ろう。

『ファインマン物理学』第５巻は量子力学を解説している。そこでは、光を古典的なマクスウェルの方程式にしたがう電磁波とは考えずに量子力学の方程式にしたがう光子（フォトン）とみなす。

量子力学的に偏光を説明することは可能なのだろうか？

いや、実を言えば、偏光の正体を摑むためには、どうしても量子力学の考え方が欠かせないのである。

> １個の光子の偏りは２状態系として記述することができるのである。１個の光子は状態 $|x\rangle$、あるいは状態 $|y\rangle$ に存在しうる。

> （５巻　11–4　213 ページ）

量子力学では光の状態を「状態ベクトル」（または波動関数）という関数で表すのだが、光は、$|x\rangle$ と $|y\rangle$ という２

つの偏光方向で記述できるのだ（$|x\rangle$ が関数を表す記号）。
この状態ベクトルの時間依存性は、

$$|x\rangle \sim \exp(i\omega t)$$

と書くことができる（i は虚数、ω は角振動数、y について
も同様）。

　さて、これは光の進行方向が z 方向として、偏光が x と
y 方向なので「直線偏光」の説明になっている。「円偏光」
はどう表されるのだろうか？

　答えは、

$$|R\rangle \rightarrow |x\rangle + i|y\rangle$$
$$|L\rangle \rightarrow |x\rangle - i|y\rangle$$

になる。R は右（_right_）偏光で L は左（_left_）偏光を意味
する。

　なぜ、これが円偏光なのか？

　それは、

$$i = \exp(i\pi/2)$$

と考えれば理解できる。つまり、x 方向と y 方向とは三角
関数の位相が $\pi/2$（＝ 90 度）だけズレているのである。位
相が 90 度ズレた三角関数を x 方向と y 方向から重ね合わ
せると結果は円になる（187 ページ、コラム参照）。

　次に偏光サングラスを 2 枚用意して簡単な実験をやって
みよう。

　2 枚の偏光サングラスは角度 θ だけ傾いている。1 枚目
のサングラスを通り抜けた光の強度を 100％ としたとき、

■傾いた偏光サングラスを通る光

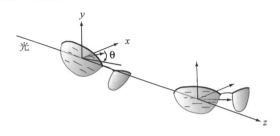

2 枚目のサングラスを通り抜ける光の強度はどうなるだろう？

　色々な具合に変化している──例えば "偏っていない"──電場をもつ光のビームがあるとする。このビームが第 1 の偏光板を通り抜けた後には、電場は大きさ E で x' 方向に振動している。この電場を、その最大値が E_0 である振動するベクトルとして、図 11–4 のように表すことにしよう。さてこの光が第 2 の偏光板に到達すると、電場の x 成分 $E_0 \cos \theta$ だけが通り抜けることになる。その強度は、場の強さの 2 乗に比例するから、$E_0{}^2 \cos^2 \theta$ に比例する。したがって、その通り抜けるエネルギーは、第 2 の偏光板にはいってきたときのエネルギーよりも $\cos^2 \theta$ だけ弱くなっているわけである。

（5 巻　11–4　214 ページ）

　わかりやすい情況である。特に何の問題もないように思われる。しかし──。

■通り抜ける光の強度

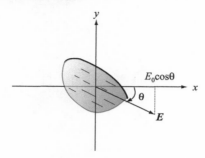

　古典電磁気学の電磁波という概念は、あくまでも近似である。それは、量子力学的な光子がたくさん集まった状態である。だが、量子力学のほうが、より基礎的な理論であり、そこでは「光子1個」のふるまいを記述することができる（ただし確率的に！）。

　電磁波の「強度」というのは、あくまでも「多数の光子」がサングラスに入射したときの平均を考えているのである。たとえば100億個の光子のうちの3/4が通り抜けるというのである。だが、光子が1個しか入射してこなかったら、果たして、その光子は2枚目のサングラスを通り抜けるのだろうか？

　光子が1個しかないときには、こういう考え方をすることは不可能である。1個の光子の3/4というようなものは存在しないからである。光子は、その全体がそこにあるか、そこに全然存在しないかのどちらかである。量子力学のいっていることは、光子がみな、そこに時間の

$3/4$ だけいるということである。

（5 巻 11–4 215 ページ）

　たった 1 個の光子の場合も古典電磁気学と計算結果は同じになる。だが、その意味は、大きく違ってくる。古典電磁気学での「強度」という考えは量子力学では（その 1 個の光子が通り抜けるかどうかという）「確率」になる（量子力学の状態と確率については『「ファインマン物理学」を読む　量子力学と相対性理論を中心として』をご覧ください）。

　光の偏りという性質は、このように、本当は光子 1 個のレベルの性質だったのである。

column
指数関数と虚数

　虚数の指数関数に馴れていない読者のために補足しておこう。指数関数の引数を虚数にすると「三角関数」になる。

$$\exp(i\theta) = \cos\theta + i\sin\theta$$

　工学でも波動や振動を扱うときにこの形を用いることが多い。その理由はいろいろあるが、一番大きな理由は、計算が簡単になる、ということだろう。たとえば三角関数の n 倍角の公式は難しいが、虚数の指数関数の形に書いておくと、単に n 乗するだけですむのである。

$$\exp(in\theta) = (\cos\theta + i\sin\theta)^n = \cos n\theta + i\sin n\theta$$

さて、右偏光が本当に「円」になっていることを確認しておこう。

$$|x\rangle = \exp(i\omega t) \stackrel{\text{実部をとる}}{\rightarrow} \cos(\omega t)$$

$$i|y\rangle = \exp(i\pi/2)\exp(i\omega t) = \exp(i(\omega t + \pi/2))$$

$$\stackrel{\text{実部をとる}}{\rightarrow} \cos(\omega t + \pi/2)$$

これを横の x 軸と縦の y 軸方向の振動として合成するとたしかに円になる。すなわち、円偏光とは、直線偏光の位相が90度（$\pi/2$）ズレたものに他ならない。電場の先っちょが x 方向と y 方向に振動している。その位相が合っていれば直線偏光となり、位相がズレると楕円もしくは円偏光になる。ズレ方によって右回りになったり左回りになったりする。

なぜ、電場の振動が x と y という2つの自由度を持っているのかといえば、それは、古典電磁気学では説明ができず、量子力学のスピンという性質にまで遡らなくてはならない。

スピンという概念は、イメージ的には、光子が独楽のように回転しているのだが、その回転は、徐々に弱くなったり強くなったりはできない。いわばデジタルな回転なのである。

光子には元々、2つのスピン状態がある。それは、質量や電荷と同じような光子の基本属性である。

だから、むしろ、次のような説明のほうがしっくりくるかもしれない。「1個の光子は右回りと左回りのスピンという量子的な属性を持っている。量子の状態は重ね合わせることができるので、右回りと左回りも

いろいろな比率で合成することができる。右回りと左回りを半々ずつ混ぜると直線偏光になる。混ぜる比率を変えると楕円偏光になる」

　つまり、直線偏光から円偏光を作るだけでなく、逆に円偏光から直線偏光を作ることもできるのである。

◆電子の自己エネルギーの矛盾から 「くりこみ理論」へ

　物理学のどの分野でも深く探求すれば、いつでも何らかの困難にぶつかるものである。ここで、一つの重大な困難——古典的な電磁気学の欠陥——を議論しよう。

　　　　　　　　　　　　　（4 巻　7-1　95 ページ）

　すべてがうまく説明できる理論など存在しない。もし、存在するとしたら、それは「最終理論」であろう。電磁気学にも弱点はある。実をいえば、その問題は、ニュートン力学と同じ根っこからきている。ニュートンの逆 2 乗則にしろ、同じ恰好をしたクーロンの法則にしろ、分母に距離の 2 乗が来ているところが問題なのである。なぜかといえば、質点とか点電荷という概念と相容れないからだ。分母に距離 r の 2 乗がある。点電荷には大きさがないから $r = 0$ としないといけないが、そうなると分母がゼロになって無限大になってしまう。

　これは、大きさのない点を仮定する理論の避けられない

宿業のようなものなのである。

　第一に、1個の荷電粒子のエネルギーを計算しよう。単純な電子の模型として、半径 a の球面上に一様に電荷 q が分布しているとしよう。この電磁場のエネルギーを計算しよう。電荷が静止しているとすると、磁場は存在しないので、単位体積のエネルギーは電場の2乗に比例する。電場の大きさは $q/4\pi\varepsilon_0 r^2$ であり、エネルギー密度は

$$u = \frac{\varepsilon_0}{2}E^2 = \frac{q^2}{32\pi^2\varepsilon_0 r^4}$$

である。全エネルギーを求めるには、この密度を全空間に対して積分しなければならない。体積素片 $4\pi r^2 dr$ を用いて、全エネルギー U_{elec} として

$$U_{elec} = \int \frac{q^2}{8\pi\varepsilon_0 r^2}\,dr$$

を得る。これはすぐ積分できる。下限は a であり、上限は ∞ である。したがって

$$U_{elec} = \frac{1}{2}\frac{q^2}{4\pi\varepsilon_0}\frac{1}{a} \tag{7.1}$$

である。q として電子の電荷 q_e を用い、$q_e{}^2/4\pi\varepsilon_0$ の代わりに記号 e^2 を使うと

$$U_{elec} = \frac{1}{2}\frac{e^2}{a} \tag{7.2}$$

となる。これは a をゼロにしない限り差し支えない。しかし点電荷で a をゼロにするとき大きな困難が生じる。

場のエネルギーは中心からの距離の 4 乗に反比例して
変化するから、その体積積分は無限大になる。点電荷を
囲む場には無限大のエネルギーが存在する。

(4 巻　7-1　95-96 ページ)

　ちょっと長い引用だったが、これで問題の根っこは尽く
されている。点電荷であるがゆえに距離がゼロにならざる
をえない。すると無限大という無意味な計算結果が出てき
てしまう。

『ファインマン物理学』の実際の授業が行なわれたのは
1961 年から 62 年にかけてであり、その内容が本になった
のは 63 年のことだった（邦訳はその 5 年後から刊行され
始めた）。ファインマン先生は、この無限大の問題につい
て、かなり慎重な見解を学生たちに提示している。

　すでに述べたように、古典理論を直すことにあまり強く
こだわるのは時間の無駄であるかも知れない。なぜなら
ば、量子電気力学では、困難は消え去るか、何か別の方
法で解決されるかも知れないからである。しかし困難
は量子電気力学でも消え去らない。この理由のために、
人々が古典的困難をとり除くことができて、それから量
子力学的修正を行なうならば、すべてがうまくいくだろ
うという期待をもって、古典的な困難を除くために多大
の努力を傾けているのである。量子力学的修正の後にも
マクスウェルの理論は困難を残しているのである。

(4 巻　7-5　106 ページ)

つまり、点による無限大の問題は、古典電磁気学を量子電気力学にしても残ってしまう、というのである。

　ところが、その2年後の1965年度のノーベル物理学賞は、ファインマン先生と日本の朝永振一郎博士とシュウィンガー博士の3人に贈られたのである。3人の業績は、まさに、この無限大の問題を「解決」したことであった。

　その解決策は「くりこみ理論」と呼ばれている。それは量子電気力学において無限大の困難を回避する一つの手段である。

　だが、それならば、なぜ、ファインマン先生は、量子力学的な取り扱いでも無限大の問題は解決されない、と強調したのであろうか？

　少なくとも『ファインマン物理学』が出版される時点で、自らの解決策に自信を持っていてもよかったのではあるまいか？

　それどころか、改訂版においても無限大の問題の箇所は訂正されていない。

　妙である。

　いったい何が起きているのか？

◆時空アプローチによるくりこみ理論とは？

　ファインマン流の量子電気力学（Quantum electrodynamics）は、量子論と電磁気学を「時空のアプローチ」によって統合したものである。量子力学の定式化にもいろい

ろあるが、シュレディンガー方程式にしろハイゼンベルク
の行列力学にしろ、微分方程式を用いて、「今の状態がわか
れば、少し未来に少し離れたところの状態がどうなってい
るかがわかります」という具合に計算を行なうのである。

　ファインマン流では「作用」と呼ばれる物理量が主役を
演ずることになる。ファインマン流の量子力学は、過去か
ら未来までの「時空」で起きるあらゆる現象をまとめて
解析する。だから微分方程式ではなく積分方程式が登場
する。

　ファインマン先生は、もともと（相対論的な量子力学の
方程式を発見した）ディラックの論文にヒントを得て、積
分方程式を書き下したらしい。そのきっかけは一杯のビー
ルにあった。

　　私がこの問題と格闘していたとき、プリンストンの
　ナッソー酒場のビア・パーティに足を運んだ。そこに
　はヨーロッパから着いたばかりの紳士（ハーバート・
　ジェール）がいて、私の隣の席に座った。ヨーロッパ人
　というものは我々アメリカ人よりもシリアスな人種だ。
　その証拠に知的な会話をするのにうってつけの場所はビ
　ア・パーティだと思っているらしい。そこで、彼は私の
　傍らに座って、
　　「何をしているのかね？」
　などと訊いた。私は、
　　「ビールを飲んでいます」
　と答えた。私はすぐに彼が、私がどんな研究をしている
　かを知りたがっていることに気づいて、格闘中の問題に

ついて語り、何気なく彼のほうを向いて、

「ねえ、作用から始めて量子力学をやる方法をご存知ありませんか？ 作用積分が量子力学に入ってくる形式ですよ」

と訊ねてみた。彼は、

「知らんね、でも、少なくともラグランジアンが出てくる論文をディラックが書いているね。明日、見せてあげよう」

と言った。

（ノーベル賞講演より　竹内訳）

パーティには顔を出しておくものだ。人との触れ合いによって突破口が開かれることがある。

ここでラグランジアンという言葉が出てきたが、ラグランジアンと作用は、ほぼ同義だと考えていただいてかまわない（作用については次節を参照のこと）。

ディラックの論文には、「ある時間 t の波動関数を少し未来の時間 $(t+\varepsilon)$ に変換する関数が $\exp(iS)$ に類似している」という内容のことが書かれていた。

ジェール教授は私にこれを見せて、読み聞かせ、説明してくれた。私は質問した。

「ディラックが類似しているというのは、いったいどういう意味です？ 類似とはどういうことなんです？ それは何の役に立つんですか？」

すると、ジェール教授は、

「なんとアメリカ的な発想だ！ 君たちは、どんなもの

でも使い方を見つけないと気が済まないようだね」

「でも、ディラックは、この 2 つが等しいと言っているのでは？」

「違うだろう。彼は等しいとは言っていないよ」

「そうですか、じゃあ、等しいと置いたらどうなるか、いっちょやってみましょう」

（中略）

　私は式に代入してテイラー展開の計算をやってみた。するとシュレディンガー方程式が出てきたのである。

　　　　　　　　　　　　　（ノーベル賞講演より　竹内訳）

　数式の部分を少し意訳したが、ようするに、ディラックの論文に書かれていた「類似」を「等しい」と置いて計算してみたら、作用積分からシュレディンガー方程式が飛び出したのである。

　これが量子力学の第三の定式化として有名になったファインマンの径路積分が発見された瞬間だった。

　ジェール教授も素晴らしい物理学者であるが、同じ情報を目にしたとき、論文の著者の言葉を鵜呑みにするのか、そうではなくて、徹底的に（自分の腑に落ちるまで）追究するのかが、もしかしたら秀才と天才の分かれ目なのかもしれない。

　私は、ノーベル賞講演のこのエピソードを読んで、天才の天才たるゆえんを見せつけられた気がした。

　さて、ファインマン先生の 1949 年の論文「時空アプローチによる量子電気力学」（フィジカル・レヴュー誌 76 巻、769 ページ）には電子の自己エネルギーを表す図が掲載さ

れている。

　これは現在でも素粒子物理学で広く用いられている図の描き方でファインマン図という名がついている。もちろんファインマン先生が発明したのである。ファインマン図は、作用積分の計算を行なうために開発された手法である。

　図の解読法は次のようになる。

・図全体は（たとえば）縦軸が時間で横軸が空間と考えて　よい
・棒線は電子を表す
・波線は光子を表す
・電子と光子がぶつかるところで相互作用が起きている

　それにしても、これのどこが「電子の自己エネルギー」なのだろう？
　こういうことである。

■ファインマン図による電子の自己エネルギーの図

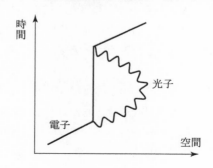

　図の下のほうは過去で真ん中へんが現在で上のほうが未来だと考えてみてください。すると、この図は、時間の経過とともに電子が左からやってきて、光子を放出して、しばらくすると（同じ）光子を吸収して、右のほうへ飛び去ってゆく様子を表していることが読み取れる。

　光子を放出するというのは、古典電磁気学の言葉に翻訳するならば、

「電磁波を放射する」

ということであるから、

「電子が周囲の電磁場に影響を及ぼす」

という意味である。

　それでは（同じ）光子を吸収するとはどういう意味かといえば、それは、

「電子が自分で与えた周囲の電磁場への影響を自分で受けている」

ことにほかならない。

　自分で周囲を乱しておいて、その影響を自分がかぶっている。つまり、電子が独り相撲をとっているわけで、ゆえに「自己エネルギー」と呼ぶ。

　古典電磁気学の場合なら、自己相互作用ということなので、クーロンの法則の分母の距離 r をゼロと置いたことに等しく、結果は無限大になる。

　電磁波を光子と考えた量子力学の計算でも電子の自己エネルギーは無限大になる。

『ファインマン物理学』で繰り返し強調されているように、古典電磁気学の難問は、量子力学にも引き継がれているのである。

だが、1965 年度のノーベル賞は、この無限大を宥（なだ）める手法に対して与えられた。その手法は「くりこみ」と呼ばれている。

　電子の自己エネルギーは電子の質量 m を変える（相対論では $E^2 = m^2 + p^2$ という関係がある。E はエネルギーで p は運動量で m は質量。ここで $c = 1$ と置いた）。エネルギーが変わることは質量が変わることである。

　だから電子の自己エネルギーを計算すると、その質量 m は、

$$m \left\{ 1 + \frac{e^2}{2\pi} \left[3\ln\left(\frac{\lambda}{m}\right) + \frac{3}{4} \right] \right\}$$

になる（ファインマン著「量子電気力学」28–6 式より。$\ln$ は $\log_e$）。自己エネルギーがないときの電子の質量が m で、自己エネルギーがあると対数（$\ln$）で発散するのである。ここで λ は本当は無限大である。

　さて、くりこみの処方というのは、ぶっちゃけた話、この無限大の自己エネルギーの入った質量の式が、
「実は有限の実験値に等しかったのです」
と澄まし顔で言うことにほかならない。

　ええと、話がこんがらがっているので整理してみよう。

くりこみの処方
自己エネルギーを考慮しない電子（0 次補正）

$$m \quad \overset{\text{代入}}{\longleftarrow} \quad 9.1 \times 10^{-31}\,\text{kg}$$

自己エネルギーを考慮した電子（1 次補正）

$$m \left\{ 1 + \frac{e^2}{2\pi} \left[3\ln\left(\frac{\lambda}{m}\right) + \frac{3}{4} \right] \right\}$$

代入

$\leftarrow \quad 9.1 \times 10^{-31} \text{ kg}$

　電子が周囲の電磁場（＝光子）に影響を与えない場合、理論計算に出てくる質量 m は実験値そのままだが、自己エネルギーがある場合は、理論計算に出てくる m ではなく、無限大の修正項も含めた全体が実験値に等しいと考えるのである。

　結果的に無限大を有限の実験値に「くりこむ」のでくりこみ理論という。

　でも、自己エネルギーを考慮に入れた場合の理論計算に出てくる m は、いったい何なのだろう？

　実は、これは「裸の電子」の質量だったのである。裸とは一切の相互作用をしていないような純粋な電子のことである。

　ここでは１次の自己エネルギーの例しかご紹介しなかったが、実際には、もっと高次の自己エネルギーも計算することができる。その場合も無限大の部分をまとめて実験値にくりこんでやればいいのである。

　なお、くりこみの手法は、質量だけでなく電荷や波動関数にも使うことができる。

　一度、無限大をくりこんでしまえば、他のあらゆる計算は辻褄があって、きわめて高い精度で実験と一致する。

　だが、それでは、なぜ、ファインマン先生は『ファインマン物理学』において「無限大の困難は私たちが解決しました」と言わなかったのだろう？

それは、おそらく、ファインマン先生の頭の中で、くりこみの手法が最終的な解決法とみなされていなかったからだと思う。その証拠に、「量子電気力学」には、次のような記述が見られる。

　　この積分は発散する。この事実は 20 年にわたって量子電気力学の甚大な支障となってきた。この問題の解決には基本法則の変更を必要とする。

（「量子電気力学」137 ページ　竹内訳）

　同じような発言は、ファインマン先生と一緒にノーベル賞を受賞した朝永振一郎博士にもみられる。どうやら、1965 年当時、くりこみ理論は、無限大の難問の根本的な解決とはみなされていなかったようである。あくまでも暫定的な解決法という考えが強かったようなのだ。

　それでは、2020 年の時点でのくりこみ理論の評価はどうだろう？

　自己エネルギーとそれに類する補正は、1 次、2 次、3 次……という具合にいくらでも続けることができる。それは天文学の重力計算において、最初は太陽と地球だけを考えておおまかな計算をやって、次に月による補正を加え、さらに火星による補正を加える、というような計算方法と同じ発想であり「摂動」と呼ばれる（小さな補正、という意味）。

　最初のおおまかな計算を微修正してゆくのである。

　その微修正が無限大になっては困るわけで、実験値にくりこんだ結果、全体として整合性が保たれたので、くりこ

み理論は「摂動論としては成功だった」と考えられている。

column
くりこみの手法は重力理論には使えない！

　だが、残念ながら、次々と微修正を行なってゆく摂動の手法は、アインシュタインの重力理論には用いることができない。その理由は複雑なので本書では立ち入ることができないが、重力理論は「くりこみ不可能」であることが証明できるのである。

　重力理論の場合でも、自己エネルギーなどが生まれる原因は電磁気学と同じだから、量子重力理論には無限大の発散がつきものである。しかし、ファインマン先生たちが開発した手法は使えない。

　そこで、量子重力理論の場合は、別の解決策を講じないといけなくなる。

　それが、たとえば「大きさゼロの点ではなく、大きさのある"ひも"から理論を始める」という発想の超ひも理論であったり、あるいは、「時空が連続であるという仮定をやめて、時空よりも基本的な存在である抽象的なネットワークから理論を始める」というループ量子重力理論だったりする。

column
くりこみは、ようするに変数変換である

　くりこみにおいて「くりこむ」という行為は、実は、

パラメータ（＝変数）変換にほかならない。身近な例をあげてみよう。

たとえば、x が小さいときには、

$$\frac{1}{1-x} \fallingdotseq 1 + x$$

という近似式がなりたつ。だが、x が大きいと原式は「分母が大きい」のでゼロに近づくから、1 に補正項の x を足す、という近似はなりたたなくなる。

それでは、x が大きいときにはどうすればいいかといえば、

$$y = \frac{1}{x}$$

という具合に、x の逆数を導入すればいい。y は変数変換後の新しいパラメータである。この変数 y をつかえば、

$$\frac{1}{1-x} = \frac{y}{y-1} \fallingdotseq -y$$

という別の近似式がなりたつ（近似が正しいかどうかは、最初の近似に $x = 0.000001$、後の近似に $x = 1000000$ といった具体的な数値を入れてみれば確認できる）。

量子電気力学の場合には、0 次計算では、最初の $(1+x)$ という近似式が正しかったのに、1 次の計算では、$(-y)$ という近似式を使わないといけないような情況が生じていたのだ。それなのに、1 次の計算において、あいかわらず 0 次の計算のときの近似式を用いていたから、計算結果が、

$1 + x$　→　$1 +$ 無限大

というような奇妙なことになったのである。正しい処
方は、変数変換を行なって、

$-y$　→　有限値

と計算することだったのである。

　これは、本来は単なる変数変換の問題なので、現在
では、「くりこみ」のかわりに「再規格化」とか「再パ
ラメータ化」という言葉が用いられるわけなのだ。

　しかし、見方を変えれば、無限大の $(1 + x)$ を有限
の $(-y)$ に「くりこむ」といってもまちがいではない。

◆「世界は無駄をしない」という原理

　さあ、本書も終わりに近づいた。いよいよ（真打ちなら
ぬ）トリの登場である。

　すでに作用積分なる言葉が出てきたが、『ファインマン
物理学』第 3 巻の終わりの補章は「最小作用の原理」にあ
てられている。

　ニュートンの法則を $F = ma$ の代りに次のように表し
てよい。平均の運動エネルギーから平均のポテンシャル
エネルギーをひいたものは粒子が一点から他の点まで行
く道すじに対してできる限り小さくなる。

（3 巻　補章　276 ページ）

なんだろう、コレ。

たとえば重力場における 1 次元の運動、すなわち上下運動の場合、運動エネルギーから重力ポテンシャルを引いて、時間 t_1 から t_2 まで積分したものは、

$$\int_{t_1}^{t_2} \left[\frac{1}{2}m\left(\frac{dx}{dt}\right)^2 - mgx \right] dt$$

になるが、実際の粒子の運動は、この奇妙な恰好の積分を最小にするというのである。この積分のことを「作用」と呼ぶ。いいかえると、作用積分を最小にする、という条件は、$F = ma$ に（数学的に）等しいのである。だから、運動の基本法則として、$F = ma$ ではなく、「作用積分が最小になる」と言っても同じことなのだ。

質量 m の物体を重力場の中で投げ上げたときに、最初は速いが徐々に遅くなって、やがて動きが止まって、今度は落ちてくる。その各瞬間に運動エネルギーとポテンシャルエネルギーの「差」を計算して刻々と足し上げてゆくのである。実際の運動は、その差が最小になるような運動なのである。

つまり、最小作用の法則のせいで、物体は、ギクシャクと動いたりしないというのである。

ちょっとわかりにくいかもしれない。

もっと簡単な例は、学校で教わる「フェルマーの原理」であろう。

　　光の進み方に関する法則を自明なものとする最初の考え方はフェルマーによって発見された。それは 1650 年

ごろのことであり、最小時間の原理またはフェルマーの原理とよばれる。彼の考えはつぎのようなものである：一点から他の点に至る可能なすべての径路のうちで、光は最小の時間を要する径路をとるというのである。

（2巻　1–3　4ページ）

　たとえば光が鏡面で反射するときには、入射角と反射角が等しくなる。それは、入射角と反射角が等しい場合が最小時間になるからである。これはポテンシャルがゼロの場合の最小作用の原理である。

■フェルマーの原理

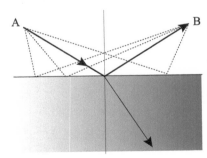

AからBに行く径路で点線の径路を取ることはない。最短距離である太線の径路を取る

　第3巻の最後で紹介されているのは、だから、フェルマーの原理の拡大版なのである。
　ここで「なぜ、そんな原理があるのか」と言われても誰も答えることはできない。
　自然は、なぜか、そうなっている。
　だからこそ「原理」という言葉を遣うのである。

この問題は、基本的に「変分」の問題だ。変分はアイディアとしては微分と似ているが、まったく別の数学的な手法である。

　たとえば、円は定点からの距離の一定な点の軌跡として定義するのがふつうだが、次のようにちがう定義の仕方もある：長さが一定の曲線のうち最大の面積を包むのが円である。周囲がきまっているとき、どんな曲線の包む面積も円より小さい。そこで周がきまった曲線のうち最大面積を包むものを求めよという問題を立てると、変分法の問題となる。これは諸君のなれている微分学とはちがう。

（3 巻　補章　277–278 ページ）

　変分法によって最小作用の原理は運動方程式と同義であることが証明できる。

　ここではその計算には立ち入らないが、作用は、古典力学や古典電磁気学だけでなく量子力学でも活躍する。作用は、ファインマン流の量子力学、すなわち径路積分と呼ばれる流儀に直結するのである。

　われわれの最小作用の原理の述べ方は不十分だ。粒子は最小作用の軌道をとるのではなく、近傍の軌道を嗅ぎまわり、光が最短時間をえらんだのと同じ方法で最小作用の軌道をえらぶ。

（3 巻　補章　284 ページ）

こういうことである。

光にしろ粒子にしろ、最小作用の原理にしたがって運動径路を決めろといわれても、「ハイソウデスカ」と最短径路を選ぶわけにはいかない。なぜなら、いろいろな径路を「試して」みないことには、どれが最小作用になっているかわからないからである。

ファインマンの径路積分は量子力学の一つの定式化だが、そこでは、あらゆる径路に「重み」をつけて足し合わせる。径路を積分するわけだ。ある意味、量子は、あらゆる可能な径路を試すことができるのである。

column
ファインマン VS ゲルマン

　マレイ・ゲルマン博士といえば、原子核を作っている素粒子を「クオーク」と名づけたことで有名なノーベル物理学者である。ゲルマン博士とファインマン先生は同じ職場の同僚だった。二人ともカルテック（＝カリフォルニア工科大学）の教授だったのだ。

　お互いニューヨーク生まれであるにもかかわらず、対照的な性格を持っていた。ゲルマン博士はきちっとして格式を重んじ、流暢（りゅうちょう）に外国語を話し、高級フランス料理がお似合いだった。対するファインマン先生は、とにかく気さくで格式ばらず、ストリップのあるビアホールでランチを食べることも平気だった（ゲルマン博士は貧しい移民の家庭に育ったため、逆に、格式にとらわれた人生を送るようになったのかもしれ

ない)。

　二人は「弱い力」の理論研究でしのぎを削っていた
が、同じ物理学科から別々の(同じような内容の)論
文が出るのはよくないので、学部長の仲裁によって、
共同で論文を発表したこともあった。

　だが、このライバルの戦いは、常に表面化した。

　たとえばゲルマン博士の「クオーク」のことをファ
インマン先生は「パートン」と呼んでいたし、ファイ
ンマン図のことをゲルマン博士は「ステュッケルバー
グ図」と呼んでいた。

　だが、ゲルマン博士がもっとも気に食わなかったの
は『ご冗談でしょう、ファインマンさん』がベストセ
ラーになったことだったらしい。その後、ゲルマン著
『クォークとジャガー』が発売されたが、発刊前の周
囲の期待を裏切って、この本はついにベストセラーに
なることはなかった。

　どうやらファインマン VS ゲルマンの戦いは、最終
的にファインマン先生の勝利に終わったような気がす
るが、個性の強い天才物理学者同士の熱い戦いに、他
の同僚たちはやきもきしたことだろう。

◆ファインマン先生とマンハッタン計画

　書こうか書くまいか、迷ったのであるが、やはり書くことにした。

　ファインマン先生の科学思想を辿るうえで、どうしても避けて通ることのできない問題に触れておこうと思う。それは科学と戦争と兵器の関係である。

　先日、朝日カルチャーセンターの生徒さんにファインマン先生の「実写」と「声」を紹介しようと考え、アメリカの PBS が放送した「ノバ」(NOVA) というシリーズの中の「アインシュタイン以来の天才」(*The Best Mind Since Einstein*) というテレビ番組のインタヴューをお見せした。インタヴューは 1981 年頃のもので、テレビの初放送は 93 年の 12 月 21 日という番組だ。

　早口のニューヨーク訛りでエネルギー満開。いつもながらの「ファインマン語録」を愉しませてもらった。

　たとえば、

　「私は栄誉がきらいだ。私は自分がやった仕事には価値があると思うし、人々がそれを喜んでくれて、大勢の物理学者が研究に使ってくれていることを知っているけど、ほかには何もいらないんだ。それ以外のものに意味はないさ。スウェーデンのアカデミーの誰かが、この研究はご立派だからご褒美に値する、なんて決めたりするのも無意味だ。もうご褒美はもらったからね。褒美は発見の歓びにある。発見の中のガツンとくる部分のことだよ。人々が使ってくれるのを見ているだけでいい。そう

いうのが現実的なんだ。名誉は私にとっては非現実的な
ものだ。私は栄誉なんて信じない。面倒くさいよ。栄誉
なんて面倒くさい。栄誉は偽善だ。栄誉は画一的だ。栄
誉は飛び出す広告みたいなものさ。栄誉は私を傷つけ
る」(竹内訳)

　という具合に、ファインマン先生は、賞や栄誉について生
き生きと語っていた(テレビを見て訳したので間違いがあ
るかもしれません。あしからず)。
　ところが、ロスアラモス研究所での原爆開発の話になる
と、ファインマン先生の声は澱みがちで、顔には明らかに
苦悩の表情が現れていた。当時、プロジェクトの成功を祝
うために科学者たちはパーティをやって馬鹿騒ぎをして
いたのだそうだ。ところが、原爆が実際に広島と長崎に投
下されて、数十万人の非戦闘員の死者を出したことがわか
り、ファインマン先生の苦悩が始まる。
　原爆の製造に必要な知識はなんだろう?
　それはまず第一にアインシュタインの「$E = mc^2$」とい
う公式である。エネルギー E が質量 m に等価だというの
である。原子核の反応によって質量が減る現象があれば、
その減った分がエネルギーに変換される。それが原爆の原
理である。
　だが、1905 年にアインシュタインの特殊相対性理論の
論文が出たとき、アインシュタインは、将来、自分の発見
した公式が原爆の原理として使われるなどとは想像もでき
なかったに違いない。
　たとえば人を殺すのが銃なのか、それを使う人間なの

か、という議論がある。私は、それは人間であると同時に、メーカーや法律規制の問題でもあると考える。銃を作るか、たくさん作るか、安く売るか、そういったことは法律により規制することが可能だ。それと比べて、科学的な発見、特に理論物理学のような分野における「発見」は、銃の製造とは質を異にする。それは人間の脳が自然界の観察にもとづいて気づくものであり、数学から紡ぎ出されるものであり、誰にも止めることができない。仮にアインシュタインが公式を発見しなくとも、人類と文化の営みが続くかぎり、いずれは誰かが発見していたにちがいない。それは、「いずれは誰かが銃を野放図に安売りしたであろう」という議論とは次元が違うのだ。

　だが、原爆の製造には、さらに「連鎖反応」という重大な発見が必要になる。反応が連鎖的に進んで、止まらない、ということが爆弾の製造には不可欠だからである。

　さらには、具体的なエネルギー源であるウランやプルトニウムの化学的な性質に関する知識も不可欠だ。

　そう、一人ひとりの科学者の無垢な「発見」をある意図をもってプロジェクトとして集大成した結果が、原爆製造のためのマンハッタン計画だったのである。

　そこに参加した大勢の科学者のうちには、それまでの純粋科学の研究と同じ知的好奇心で原爆の部品を開発した人もいただろう。また、当時の政治・軍事の情況をある程度精確に把握した上で祖国や家族を守ろうという考えで主体的に兵器開発に参加した人もいたはずだ。そして、家族を日本との戦闘で失って、憎悪にかられて復讐の意図で計画に参加した科学者だっていたかもしれない。

だが、おそらく、大部分の科学者は、このようなさまざまな人間的な動機が混ざり合った状態で「戦時下」に召集されて原爆を開発したのである。

　そして、彼らのほとんどは、科学と良識に照らして、原爆が、あくまでも「威嚇」の目的で使われると考えていたに相違ない。

　だが、実際には、原爆が完成するまでは（その知識と技術を持っている）科学者が開発の主導権を握っていたが、できあがった原爆を広島と長崎に投下するかどうかを決める決定権を握っていたのは、軍人と政治家であった。

　戦後 40 年近く経ってからのテレビのインタヴューで、ファインマン先生は、訥々と苦しそうな表情で、こんな感想を述べている。

　　「パーティみたいなことをやって……みんな酒に酔って……あ……ロスアラモスで起きていたことと広島で起きていたことの間の……あまりにも大きなコントラストは興味深い……私自身、この歓喜のさなかにいて、酒……ドラムをもってきて、ジープのフード……ボンネットの上でドラムを叩いて、興奮して走り回っていた……そのとき、広島では、人々がもがき苦しんで死んでいたというのに」（竹内訳）

　言い淀んでいる部分や言い直している部分も含めて訳してみたが、ファインマン先生のしゃべり方からは精彩が失われ、どこか痛々しく、苦しげだった。

　私は、ここで科学者の責任について論ずるつもりもない

し、弁護するつもりも正当化するつもりもない。

　ただ、一人の天才科学者が、過去の原爆開発について哀しげに苦しげに訥々と語っているさまをそのまま受け止めて、筆を擱きたいと思う。

おわりに

　本書では電磁気学に焦点をあてて天才ファインマンの科学思想に迫ってみた。電磁気学の場合は、勢い数学の予備知識が必要になるため、思想面に切り込む前に「数式の壁」が立ちはだかっていたことは否めない。

　そこで、つけたりとして、電磁気学から見たファインマン先生の「世界」についてまとめておきたい。

　私がファインマン先生の論文や教科書や一般書を読んでいて気がつくのは、純粋な好奇心と「脳力」の強さと「自己流」の物理学に対するアプローチである。

　子供のころ、三角関数を独自の記号で計算していて友達から「チンプンカンプンだ」と言われて驚いた、などというエピソードが伝えられているが、物理学全体を「作用」という物理量だけで理解してしまおう、というようなアプローチは、天才にだけ許された自己流の世界なのだといえよう。

　作用という物理量は、非相対論的な近似では、

$$作用\ S = \frac{（運動エネルギー － ポテンシャルエネルギー）}{を時間で積分したもの}$$

と定義される。つまり、各瞬間ごとに物理系の「エネルギー差」を記録して、足し上げてゆくのである。

自然は、なぜか、このエネルギー差の総計が「最小」になるように創られている。ポテンシャルがない場合は、運動エネルギーの総和が最小、つまりは、時間が最小になるようになっていて、それが光学で有名な「フェルマーの定理」にほかならない（光の運動エネルギーは一定なので、積分は、運動エネルギーに運動時間をかけたものになるから、それを最小にすることは、すなわち運動時間を最短にすることになる）。

　相対論を考慮すると、作用 S は、もはや上述のような簡単な恰好にはならず、たとえば、

$$S = -m_0c^2 \int_{t_1}^{t_2} \sqrt{1 - v^2/c^2} - q \int_{t_1}^{t_2} (\phi - \boldsymbol{v} \cdot \boldsymbol{A})dt$$

のような、ちょっと解釈しづらい形になる。

　個々のばあいに作用が何であるかという問題は色々ためしてきめるより仕方がない。それはまず運動方程式が何かをきめるのと同じ問題である。諸君の知っている式をいじりまわして、最小作用の原理の形にできるかやってみるより仕方がない。

（3 巻　補章　283 ページ）

　ファインマン流の量子力学は、粒子の出発点から終点にいたるまでの可能なあらゆる径路について足し算（＝積分）を行なうのであるが、その際に各径路には作用 S と関係する「重み」が掛かるのである。その重みは、

$$\exp(iS/\hbar)$$

であり、これは虚数の指数関数であるから、三角関数と同じなのである。すなわち作用 S を（量子力学を特徴づける定数である）$\hbar$ で割ったものは、角度……いいかえると波動の「位相」に他ならない。

さて、このような考察を重ねてゆくと、次第に量子の相互作用の計算が規則化されてくる。すると、当初の「思想」的な背景は徐々に影を潜め、次第に実用的な側面がクローズアップされてくる。思想や動機といった有機的な部分が沈殿して、きれいな上澄みだけをすくってやると、ファインマン図をもとにした量子電気力学の計算規則になるのである。

つまり、ファインマンの径路積分とファインマン図は「作用」を物理学の中心概念としてもってきたときに一人の天才の頭脳から生まれた「発明」なのだといえる。

ただし、その道のりは山あり谷ありで、特に非相対論的な考察を相対論的なものにまで昇華させるのは天才ファインマンにしても並大抵のことではなかった。

だが、運のいいことに、ファインマンの先生であったジョン・アーチボルド・ウィーラーは、泉のごとくあふれでるアイディアで有名な人物だったのだ。

ある日、私はプリンストンの大学院生の部屋でウィーラー教授からの電話をとった。

「ファインマンくん、私は、なぜ、あらゆる電子が同じ電荷と同じ質量をもっているのかわかったぞ」

「なぜです？」

「なぜならば、すべての電子は、同じ一つの電子だから

だよ！」

（ノーベル賞講演より　竹内訳）

　ウィーラー教授の説明は、ある意味、とんでもないものだった。世界にはたった一つしか電子が存在しないのだという。東京にある原子のまわりにある電子も宇宙の果てにある電子も「同じ一つの電子」だというのである。

　なぜ、そのようなことが可能なのか？

　ウィーラー教授によれば、その一つの電子は、空間内をあちこち行ったり来たりしているだけでなく、時間内も過去と未来を行き来しているのである。われわれは、それを現在という決まった時間でしか目撃できないので、あたかも電子がたくさんあるように感じるというのである。

　映画や演劇で一人二役というのがあるが、まさに、電子は、時空という名の舞台において、一人二役ならぬ一人……何億役をこなしているというのである。

　たしかに数学的には、時間を逆行する電子は、時間を順行する陽電子と等しい。陽電子は電子の電荷だけがプラスの符号になったものである。

　なんだか狐につままれたような気がするが、このウィーラーのとんでもないアイディアをファインマン先生は自ら「盗んだ」と表現している。

　径路積分の考えを相対論的な量子電気力学にまで拡張するためには、この「時間を逆行する電子」という考えがどうしても必要だったのである。

　となると、量子電気力学における「くりこみ理論」は、このような「作用」を基礎にした物理学の再構成という大

きな枠組みから生まれた副産物といってもいい。ファイン
マン先生の場合、くりこみのアイディアはベーテから得た
ようである。

　ファインマン先生のアイディアの源は、周囲にいる優れ
た物理学者たちであり、その一片、一片を集めて「総合」
して発展させたのがファインマン先生の仕事だったので
ある。

　その仕事の中心には、常に「作用」という物理量が鎮座
していた。そして、その「作用」をファインマン先生に伝
授したのは：

　　私がハイスクールのとき、物理の先生――Bader 先
　生――があるとき物理の講義のあとで私をよんで言っ
　た。'君は退屈しているようだ。少し面白い話をしてや
　ろう。'先生は少し話をしてくれたがそれは私にとっ
　て全く魅力的であって、それ以来ずっと魅力を感じてい
　る。その主題が出てくるたびに、私はやってみる。事実
　この講義を用意し始めたときいつのまにかこの問題に
　ついてさらに分析を進めていた。講義のことなんか忘れ
　て、新しい問題にとりくんだ。その主題がこれ――最小
　作用の原理――である。

（3 巻　補章　275 ページ）

　なぜ、ファインマン先生が「教育」を重視したのか、ど
うやら、この文章からその理由がわかるような気がする。
ファインマン先生は、自分が受けた教育の重要性、特に先
生の「補講」を忘れなかったのである。だから、自分が先

生になったときには、同じことを自分の生徒にしてやろうと思ったのである。

　研究だけでなく教育を重視しなければ後輩は育たず、その分野は、じきに廃れる。

　日本の科学教育は、ファインマン先生の教育態度から多くのことを学ぶことができるだろう――。

数学的な補遺

◆ベクトル入門

電磁気学に出てくる重要な物理量には、電場 E、磁場 B のほかに、電場や磁場を計算するのに便利なスカラーポテンシャル ϕ とベクトルポテンシャル A がある。他に電荷密度 ρ と電流密度 j もある。

電磁気学に出てくる、このような物理量は、1 次元の時間と 3 次元の空間、あわせて 4 つの座標 (t, x, y, z) の関数になっている。

電磁気学の舞台が 4 次元時空だからである。

そこで、このような物理量の「変化率」を求めることが大事になる。ある物理量が変化すると、他の物理量は、それにつられて、どう変化するのか？ また、変化率というときにも、それが時間変化なのか、x 軸に沿っての変化なのか、y、z 軸方向への変化なのかで話は変わってくる。

ファインマン先生は、まず、ベクトルの手書き法から始める。考えてみると、素朴な疑問ではある。ベクトルは、印刷された本や論文では太字の斜体になっていることが多いが、それをノートに手で書くときにはどうすればいいのだろう？

答えからいうと、もちろん、我流でかまわないのである。ただ、一般的な傾向というのはある。

さて、ベクトルの演算の基本は、すでに第 2 章のコラム

■ベクトルの書き方

矢印　　　　　　棒　　　　下に波線

で見たように、内積（・）と外積（×）である。内容が少し重複するが、復習をかねて、もう一度考えてみよう。

$$\boldsymbol{A} \cdot \boldsymbol{B} = スカラー = A_x B_x + A_y B_y + A_z B_z$$

$$\boldsymbol{A} \times \boldsymbol{B} = ベクトル$$

$$(\boldsymbol{A} \times \boldsymbol{B})_z = A_x B_y - A_y B_x$$

$$(\boldsymbol{A} \times \boldsymbol{B})_x = A_y B_z - A_z B_y$$

$$(\boldsymbol{A} \times \boldsymbol{B})_y = A_z B_x - A_x B_z$$

$$\boldsymbol{A} \times \boldsymbol{A} = 0$$

$$\boldsymbol{A} \cdot (\boldsymbol{A} \times \boldsymbol{B}) = 0$$

$$\boldsymbol{A} \cdot (\boldsymbol{B} \times \boldsymbol{C}) = (\boldsymbol{A} \times \boldsymbol{B}) \cdot \boldsymbol{C}$$

$$\boldsymbol{A} \times (\boldsymbol{B} \times \boldsymbol{C}) = \boldsymbol{B}(\boldsymbol{A} \cdot \boldsymbol{C}) - \boldsymbol{C}(\boldsymbol{A} \cdot \boldsymbol{B})$$

このような演算の意味を実感するには、簡単な具体例を入れてみるのが一番だ。たとえば、

$$\boldsymbol{A} = (1,\, 0,\, 0) \cdots\cdots x\,方向の単位ベクトル$$

$$\boldsymbol{B} = (0,\, 1,\, 0) \cdots\cdots y\,方向の単位ベクトル$$

という直交する2つのベクトルの場合、計算結果はどうな

るだろう？

まず、内積だが、答えはゼロである。

次に、外積だが、$(0, 0, 1)$ となって、z 成分が 1、y 成分と x 成分はゼロだ。

この例だけで、どうやら、直交するベクトルの場合、内積はゼロであり、外積は、「第 3 の方向に飛び出す」らしいことがわかる。

次に平行なベクトルでも試してみよう。ようするに同じベクトルにすればよいので、

$$\boldsymbol{A} = \boldsymbol{B} = (1, 0, 0) \cdots\cdots x \text{ 方向の単位ベクトル}$$

にしてみる。すると、内積は 1 になり、外積は $(0, 0, 0)$、すなわち全成分がゼロになる。

もう一つやってみよう。

$$\boldsymbol{A} = (1, 0, 0) \cdots\cdots x \text{ 方向の単位ベクトル}$$

$$\boldsymbol{B} = (1, 1, 0) \cdots\cdots x \text{、} y \text{ 両軸と } 45 \text{ 度をなす、}$$

$$\text{長さ } \sqrt{2} \text{ のベクトル}$$

計算してみると、内積は 1 で、外積は $(0, 0, 1)$ で「第 3 の方向に飛び出す」ことがわかる。

こうやっていろいろと試行錯誤でやっているうちに、内積と外積の正体が徐々にわかってくるだろう。

数学が得意な読者には申し訳なかったが、物理的センスというものは、純粋数学とは一味ちがっていると私は思うのだ。その一番大きな差は「具体例」にある。

それで、結論であるが、内積と外積の数学的な説明は、次のようになる。

・A と B の内積 = スカラー = $|A|\,|B|\cos\theta$

・A と B の外積 = ベクトル

= A と B に直交する方向で大きさ $|A|\,|B|\sin\theta$ のベクトル

　ここで $|A|$ はベクトル A の絶対値であり
$\sqrt{{A_x}^2 + {A_y}^2 + {A_z}^2}$ で定義される。

　内積を計算することにより、2つのベクトルの間の角度が算出できる。

　なお、外積は、2つのベクトルを重ね合わせるときに右ねじが進む方向への新たなベクトルであり、物理学的には「回転の大きさ」を表す。

◆微分の概念をベクトルにまで拡げる

　本文で「デル測定器」にはスイッチが3つあると説明した（しつこいようだが、この仮想の測定装置をデル測定器と呼んでいるのはファインマン先生ではなく竹内薫である）。

　内積のスイッチ（・）と外積のスイッチ（×）が、それぞれ「発散」と「回転」を意味すると説明したが、実は3つ目のスイッチもある。この3つ目のスイッチは、目の前の一点のスカラー場の「勾配」を測定する。

　たとえば $\phi(x, y, z)$ というスカラー場があるとする。デル測定器の3つ目のスイッチを入れると「ϕ が x 方向、y

方向、z 方向にそれぞれどれくらい傾いているか」を測定することができる。

$$\nabla \phi = \left(\frac{\partial}{\partial x}, \ \frac{\partial}{\partial y}, \ \frac{\partial}{\partial z} \right) \phi$$

$$= \left(\frac{\partial \phi}{\partial x}, \ \frac{\partial \phi}{\partial y}, \ \frac{\partial \phi}{\partial z} \right)$$

これは 3 つの成分を持つベクトルである。

このスイッチのことを「勾配」($gradient$) と呼ぶ。

・スイッチ1　勾配　$\nabla \phi = grad \ \phi = $ ベクトル
・スイッチ2　発散　$\nabla \cdot \boldsymbol{E} = div \ \boldsymbol{E} = $ スカラー
・スイッチ3　回転　$\nabla \times \boldsymbol{E} = curl \ \boldsymbol{E} = $ ベクトル

　ここに出てきた「$grad$」は英語の「$\overset{グレーディエント}{gradient}$」の略、「$div$」は「$\overset{ダイヴァージェンス}{divergence}$」の略、「$curl$」はそのままで、それぞれ「勾配」、「発散」、「回転」という意味を持つ。教科書によっては「$curl$」ではなく「rot」と書くこともあり、これは「$\overset{ローテーション}{rotation}$」の略である。

　ここで微分のベクトルである ∇ と $\nabla \cdot$ と $\nabla \times$ の3つは、その直後にスカラーやベクトルが来て、それに演算して、結果としてベクトルやスカラーを「吐き出す」という意味で、一種の数学的な演算機械もしくは理想的な物理測定器と考えることができる。こういうものを「演算子」と呼んでいる。なんらかの物理量に演算して初めて意味を持つからである。

ジーンズが言ったように演算子を "微分する相手の物に
　　飢え" させておく。

（3巻　2–4　19 ページ）

　ファインマン先生は、どうやら、無機的な数学機械とい
うよりも「飢えた動物」のような有機的なイメージでデル
演算子をとらえているようだ。
　さて、デル演算子が 1 回かかる場合は、3 つのパターン
しかないが、デル演算子が 2 回かかるパターンは、単純計
算では 3 かける 3 の 9 パターン存在するように思われる。
実際には、∇ はスカラー、$\nabla\cdot$ と $\nabla\times$ はベクトルしか「食
べることができない」ので、パターンは 6 つに限られる。

(a)　$\nabla\cdot(\nabla\phi) = \nabla^2\phi =$ スカラー場
(b)　$\nabla\times(\nabla\phi) = 0$
(c)　$\nabla(\nabla\cdot\boldsymbol{E}) =$ ベクトル場
(d)　$\nabla\cdot(\nabla\times\boldsymbol{E}) = 0$
(e)　$\nabla\times(\nabla\times\boldsymbol{E}) = \nabla(\nabla\cdot\boldsymbol{E}) - \nabla^2\boldsymbol{E}$
(f)　$(\nabla\cdot\nabla)\boldsymbol{E} = \nabla^2\boldsymbol{E} =$ ベクトル場

　それぞれの意味であるが、もともと ∇ は「微分」なので
あり、微分とは「（無限小の）すぐ隣がどうなっているかを
調べる」ことにあたる。だとすると、∇ が 2 回かかったも
のは、「（無限小の）隣の隣がどうなっているかを調べる」
ことになる。
　ということは、たとえば最初の (a) 式は、
「スカラー場 ϕ の勾配にどれくらいの発散があるかを見る」

演算であるし、(b) 式は、

「勾配は（そもそも）回転していない」

という意味をもっている。勾配は、もともと「どれくらい傾いているか」という情報だけスカラー場から抜き出しているわけだから、その結果が回転しているはずがない。だから、(b) 式は恒等的にゼロなのである。

(c) 式は、

「ベクトル場の発散がどれくらい傾いているか」

であり、(d) 式は、

「回転は（そもそも）発散していない」

ので恒等的にゼロになる。

(e) 式は、

「回転の回転」

という意味だが、もちろん、回転の様子を「その点と（無限小の）隣の点とで比べる」のではなく、さらに「その点と（無限小の）隣の隣の点まで見て」いるのである。

　ちょっとわかりにくいかもしれないが、たとえば位置 x を 1 回微分すると「点 x が隣の点と比べて」どう変化するか、すなわち「速度」になり、2 回微分すると「点 x が隣の隣の点と比べて」どうなるか、すなわち「加速度」になることを思い出せば、回転の回転という意味もそれなりに理解できるにちがいない（「隣」とは無限小の隣のことである）。

　ここで、ファインマン先生からの質問である。

我々は新しいベクトル演算子 $\nabla \times \nabla$ は考えようとしなかった。そのわけは何であろうか。

(3 巻　2–7　25 ページ)

あれ？　たしかに変だ。いったいどうしてだろう？

気をつけていただきたいのだが、たとえば (a) 式と (f) 式がちがうように、ここで問題にしている演算子は (b) 式とはちがう。(b) 式は、まず $(\nabla\phi)$ を計算してしまってから、さらに $\nabla\times$ を演算するのである。ファインマン先生が問いかけているのは、まず $(\nabla \times \nabla)$ を計算してしまってから、それをベクトル場 E に演算するとどうなるか、である。

よくわからないので、とにかく問題となっている演算子を計算してしまおう。z 成分をやってみる。

$$(\nabla \times \nabla)_z = \frac{\partial}{\partial x}\frac{\partial}{\partial y} - \frac{\partial}{\partial y}\frac{\partial}{\partial x} = \cdots\cdots 0 ?$$

つまり、そんな演算子は存在しないわけである。その理由は、純粋に演算子として定義しようとしても恒等的にゼロになってしまうからである。

しつこいようだが、最初にあるスカラー場の勾配を計算してから、その回転をとることは可能で、(b) 式になるわけだが、それも恒等的にゼロである。

column

「食べる」順番によって結果が
ちがってくることもある

ただしアインシュタインの重力理論には、$\nabla \times \nabla$

と似た式が登場する。それは曲率の計算に使われるのだが、空間が曲がっているときには、この式は必ずしもゼロになるとはかぎらない。また、非可換幾何学といわれる数学分野でも微分の順番を逆にすると結果がちがってくる場合がある。

超ひも理論に関係するマトリックス理論という分野では座標の x と y の計算で $(xy - yx)$ がゼロにならないという情況も出現する。

だから、演算子が関数やベクトル場を「食べる」順番がちがうと最終的に吐き出す結果がちがってくることは数学ではありえない話ではない。

ただ、平らな電磁気学の空間を扱っているかぎり、$\nabla \times \nabla$ という演算子は意味がないのだといえる。

◆積分の概念をベクトルにまで拡げる

数学好きでない読者には、このような数学の部分は『ファインマン物理学』第3巻の中でもっとも「しんどい」ところにちがいない。だが、もう少し辛抱していただきたい。なにしろ、ミクロの物の見方とマクロの物の見方のつながりを見出すことにより、マクスウェルの方程式を用いて具体的な計算に入ることが可能になるのだから。

というわけで、あと3つほど関門をくぐりぬけなくてはならない。

ただ、本書は『ファインマン物理学』を読むことを通じて天才ファインマンの科学思想の真髄に迫るのが目的であ

るから、細かい証明には立ち入らず、ひたすら、数式の「意味」を追うことに集中しよう。

$$\psi(2) - \psi(1) = \int_{(1)}^{(2)} \nabla\psi \cdot d\boldsymbol{s}$$

(1) から (2) への道筋はどんなものでもかまわない。

記号から説明しよう。

$\psi(1)$ というのはスカラー場 ψ の点 (x_1, y_1, z_1) における値である。$\psi(2)$ についても同様だ。$\nabla\psi$ はスカラー場 ψ の勾配で、それ自体はベクトル場である。積分記号の中にある $\nabla\psi \cdot d\boldsymbol{s}$ は内積の恰好をしている。つまり、

「$\nabla\psi$ の $d\boldsymbol{s}$ 方向への接線成分」

を計算しているのだ。

■線積分

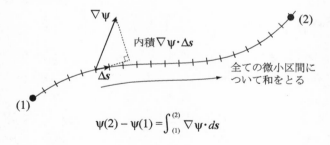

$$\psi(2) - \psi(1) = \int_{(1)}^{(2)} \nabla\psi \cdot d\boldsymbol{s}$$

それを曲線の各点において計算して全部足す。つまり、各点ごとに勾配を計算して足し上げてゆく。すると、左辺のように、出発点 1 と終点 2 におけるスカラー場 ψ の「差」に等しくなる。

　線に沿って積分するので「線積分」と呼ばれているが、もちろん、ふつうの積分 $\int f dx$ を曲線にまで一般化しただけの話である。

　なんで、こんな定理が必要なのだろう？

　物理的な例として、まず、ψ が温度で $\nabla\psi$ が温度勾配（＝熱の流れ）の場合を考えてみよう。フライパンの上の熱の流れを測定する。そして、熱い点1から冷たい点2まで、適当な径路に沿って、点ごとの温度勾配を記録して足してゆく。全部足すと、それは点1と点2の間の温度差に等しい。

　あたりまえといえばあたりまえの話だ。

　次に ψ が電位で $\nabla\psi$ が電位勾配（＝電場）の場合を考えてみる。この場合、点1から点2までの径路に沿って電場 $\boldsymbol{E}$ の強さを記録して足し上げてゆくと、それは、点1と点2の電位差に等しい。

　ここで、

$$\nabla\psi \quad \xrightarrow{\text{積分}} \quad \psi(2) - \psi(1)$$

という関係があるわけだが、積分と微分は、足し算と引き算のように「逆演算」なので、

$$\psi(2) - \psi(1) \quad \xrightarrow{\text{微分}} \quad \nabla\psi$$

という関係もある。温度を微分すると温度勾配になり、電位を微分すると電場になるわけである。

◆ガウスの定理

　次なる関門は「ガウスの定理」と呼ばれるものだ。マクスウェルの方程式の1番目は「ガウスの（物理）法則」であり、ここでご紹介するのは数学定理であるが、もちろん、両者は密接に関連している。

　ガウスの定理はマクロの「流束」とミクロの「発散」を関係づける定理である。

ガウスの定理

$$\int_S \boldsymbol{C} \cdot \boldsymbol{n} da = \int_V \nabla \cdot \boldsymbol{C} dV$$

（S は任意の閉曲面、V はその内部）

　右辺は体積積分であり、たとえば立方体の各辺を x、y、z 軸にとれば、$dV = dxdydz$ である。$\nabla \cdot \boldsymbol{C}$ はベクトル場 $\boldsymbol{C}$ の発散。つまり、ある体積 V を考え、その領域内でベクトル場 $\boldsymbol{C}$ の発散を全て足し上げるのである。

　左辺は面積積分だ。たとえば立方体の場合、2辺が dx と dy、dy と dz ……という具合に6つの面から出る流束、すなわち法線成分に $dxdy$ をかけたもの、別の面の法線成分に面積 $dydz$ をかけたもの……の総和である。

　つまり、ガウスの定理は、

・右辺＝発散×体積
・左辺＝流束×表面積

が等しいというのである。

■ガウスの定理

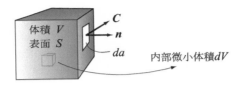

体積 V
表面 S

C
n
da

内部微小体積dV

表面から出る流束は、内部の発散の和に等しい

$$\int_S \boldsymbol{C} \cdot \boldsymbol{n}\, da \quad = \quad \int_V \nabla \cdot \boldsymbol{C}\, dV$$

「(立方体に限らず)閉曲面から出る流束は、その内部の発散の和に等しい」

ということである。

　などと書くと、やけに難しく聞こえるが、たとえば太陽の周囲を巨大な透明袋で包んだと思ってみよう。袋の中の電磁波の発散源は太陽だけだ。そこから離れた所にある袋の表面を突き抜ける光束を集めてみれば、それは、袋の中の発散に等しいにちがいない。それだけの話である(太陽は点ではないので比喩的な説明ではあるが)。

　温泉の源泉からの湧き出しは、それが湯船の縁からあふれる湯量に等しい……と言う感じでしょうか。

　ここで「次元」に注目していただきたい。

　左辺の da は具体的には $dxdy$ などであり、長さの次元が2回かかっている。ところが右辺の dV は $dxdydz$ なので長さの次元が3回かかっている。左右の次元が合わないような気がするが、もちろん、右辺には微分の ∇ があり、それは $\partial/\partial x$ という恰好で分母に長さの次元がきているので、結果的に左辺も右辺も「長さの2乗」の次元となって

辻褄が合うのである。

◆ストークスの定理

3つ目で最後の関門に入ろう。

ストークスの定理

$$\oint_{\Gamma} \boldsymbol{C} \cdot d\boldsymbol{s} = \int_{S} (\nabla \times \boldsymbol{C})_n da$$

（S は Γ を縁とする任意の曲面）

さきほどのガウスの定理は、体積積分と面積積分の変換であった。今度は、面積積分と線積分の変換である。ストークスの定理は、マクロの「循環」とミクロの「回転」を関連づける定理である。

■ストークスの定理

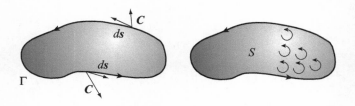

曲面の縁の循環は、表面の回転の和に等しい

$$\oint_{\Gamma} \boldsymbol{C} \cdot d\boldsymbol{s} \quad = \quad \int_{S} (\nabla \times \boldsymbol{C})_n \, da$$

　右辺はベクトル場 C の回転の法線成分（＝面に垂直な成分）を面積分したものだ。注意していただきたいのは、独楽の回転と同じで「回転軸」が回転の方向とみなされるのであり、それが面に対して傾いているとき、正味の回転としては面に垂直な成分だけが効いてくる点だ。

　左辺はベクトル場 C の接線成分を閉じた曲線（＝回路）に沿って線積分したものである。

　意味は、図から明らかだろう。ある回路に沿ってベクトル場の接線成分を積分した「循環」は、回路の内部の面全体にわたって「回転」の法線成分を足し合わせたものに等しい。ようするに無限小の回転をたくさん集めてきて足したら、相殺されないで残った分が、外周部分の循環になるというのである。

　ストークスの定理も次元の観点から眺めてみると、左辺は線積分なので dx などとなって長さの次元が 1 つあり、右辺は面積分だが微分演算子が 1 つあるので長さの次元が $(2 - 1 =)1$ となって左右の辻褄が合う。

　これで数学的な話は終わりである。

◆読書案内

まずは――。

◎『ファインマン物理学』
　R.P. ファインマン、レイトン、サンズ著（岩波書店）
　Ⅰ　力学（坪井忠二訳）
　Ⅱ　光　熱　波動（富山小太郎訳）
　Ⅲ　電磁気学（宮島龍興訳）
　Ⅳ　電磁波と物性（戸田盛和訳）
　Ⅴ　量子力学（砂川重信訳）

　物理学の不朽の名著。量が多いので途中で挫折してしまう人も多いと思いますが、とにかく、自分の興味がある部分から読み始めるのが「ファインマン物理学読破」のコツといえましょう。無理せず、好きなところから読めばいいのです。

　当然のことながら、本書は上記の本から引用させていただきました。諸先生方に感謝いたします。

　次に一般向けの本として――。

◎『ご冗談でしょう、ファインマンさん』（上下）
　R.P. ファインマン著、大貫昌子訳（岩波書店）
◎『困ります、ファインマンさん』
　R.P. ファインマン著、大貫昌子訳（岩波書店）
◎『物理法則はいかにして発見されたか』

R.P. ファインマン著、江沢洋訳（岩波書店）
◎『光と物質のふしぎな理論　私の量子電磁力学』
R.P. ファインマン著、釜江常好、大貫昌子訳（岩波書店）
◎『ファインマンさん最後の冒険』
ラルフ・レイトン著、大貫昌子訳（岩波書店）
◎『ファインマンさんの愉快な人生』（1、2）
J. グリック著、大貫昌子訳（岩波書店）

『ご冗談でしょう、ファインマンさん』は本文中でも触れましたが世界中でベストセラーになりました。物理学そのものという意味では、『光と物質のふしぎな理論　私の量子電磁力学』は、高度な量子電気力学のポイントをファインマン流の鮮やかな解説であますところなく伝えている名著です。

　後ろの2冊はファインマン先生の伝記です。

　もっと専門的な教科書もご紹介しておきましょう。

◎『量子力学と経路積分』
R.P. ファインマン、A.R. ヒッブス著、北原和夫訳（みすず書房）
◎『ファインマン計算機科学』
ファインマン著、A. ヘイ、R. アレン編、原康夫、中山健、松田和典訳（岩波書店）
◎『ファインマン講義　重力の理論』
ファインマン、モリニーゴ、ワーグナー著、ハットフィールド編、和田純夫訳（岩波書店）

　最初はファインマン流の量子力学の教科書です。経路積分の決定版といっていいでしょう。いきなりではなく、一般的な量子力学の教科書を読んでからのほうが理解がしやすいと思います。

　計算機科学の本も内容がユニークでオススメです。ファインマン先生が考案した「量子コンピューター」は最近の物理学のホットな話題のひとつでもあります。

　ファインマン流の重力講義は、アインシュタインの一般相対論を独自の視点からまとめたもので、随所に「目から鱗」の解説がみられます。

　この3冊は大学上級向けでしょう。

　英語でファインマン先生の本に挑戦してみたい方には、もちろん、一般書という手もありますが、やはり『ファインマン物理学』をオススメします。原書では全3巻になっています。

　◎『The Feynman Lectures on Physics』
　　R.P. Feynman, R.B. Leighton, M.L. Sands
　　（Addison-Wesley）

　さらにはファインマン先生の「生の声」をお聞きになりたい方のために、講義の全録音も発売されていますので、あげておきます（Basic Books から CD 版も出始めました）。

　◎『The Feynman Lectures on Physics: The Complete Audio Collection』

R.P. Feynman（Perseus Publishing）

　ファインマン先生の大学院、専門向けの教科書はたくさんありますが、本書に一番関係が深い量子電気力学の（今でも輝きを失っていない）大学院初級向けの教科書だけをご紹介しておきます。

　◎『Quantum Electrodynamics（Advanced Book Classics）』
　　R.P. Feynman（CRC Press）

　インターネット時代ということでファインマン先生に関するサイトもたくさんありますが、本書の参考にさせていただいたのは、

https://www.nobelprize.org/prizes/physics/1965/
feynman/lecture/
http://www.feynman.com/
http://www.vega.org.uk/video/subseries/8

です。最初はノーベル財団のサイトでファインマン先生のノーベル賞講演があります。次は「ファインマン・オンライン」です。ここはファインマン先生関係の有益な情報が一杯です。最後は『光と物質のふしぎな理論　私の量子電磁力学』の元になった生講演です。
　ファインマン先生以外による電磁気学の教科書をあげておきます。

◎『高校数学でわかるマクスウェル方程式』ブルー
　　バックス
　　竹内淳著（講談社）
◎『単位が取れる電磁気学ノート』
　　橋元淳一郎著（講談社）
◎『演習電磁気学　セミナーライブラリ物理学3』
　　加藤正昭著（サイエンス社）
◎『マクスウェル理論の基礎　相対論と電磁気学』
　　太田浩一著（東京大学出版会）
◎『ジャクソン電磁気学』（上下）
　　J.D. ジャクソン著、西田稔訳（吉岡書店）

　電磁気学の教科書は星の数ほどあります。上にあげたもの以外にわかりやすい本も名著もたくさんあると思いますが、あくまでも『ファインマン物理学』のための読書案内なので、ご理解ください。
　ファインマン物理学の量子力学と相対性理論については拙著

　　◎『「ファインマン物理学」を読む　量子力学と相対
　　　性理論を中心として』

を参考にして頂ければ有難い。

索引

【さ行】

【た行】

N.D.C.420 246p 18cm

ブルーバックス B-2129

「ファインマン物理学」を読む 普及版
電磁気学を中心として

2020年2月20日 第1刷発行
2024年7月10日 第3刷発行

著者	竹内 薫
発行者	森田浩章
発行所	株式会社講談社
	〒112-8001 東京都文京区音羽2-12-21
電話	出版 03-5395-3524
	販売 03-5395-4415
	業務 03-5395-3615
印刷所	(本文表紙印刷) 株式会社KPSプロダクツ
	(カバー印刷) 信毎書籍印刷株式会社
製本所	株式会社KPSプロダクツ

ISBN978-4-06-518800-2

発刊のことば

科学をあなたのポケットに

　二十世紀最大の特色は、それが科学時代であるということです。科学は日に日に進歩を続け、止まるところを知りません。ひと昔前の夢物語もどんどん現実化しており、今やわれわれの生活のすべてが、科学によってゆり動かされているといっても過言ではないでしょう。

　そのような背景を考えれば、学者や学生はもちろん、産業人も、セールスマンも、ジャーナリストも、家庭の主婦も、みんなが科学を知らなければ、時代の流れに逆らうことになるでしょう。

　ブルーバックス発刊の意義と必然性はそこにあります。このシリーズは、読む人に科学的にものを考える習慣と、科学的に物を見る目を養っていただくことを最大の目標にしています。そのためには、単に原理や法則の解説に終始するのではなくて、政治や経済など、社会科学や人文科学にも関連させて、広い視野から問題を追究していきます。科学はむずかしいという先入観を改める表現と構成、それも類書にないブルーバックスの特色であると信じます。

一九六三年九月

野間省一

好評既刊

「ファインマン物理学」を読む

量子力学と相対性理論を中心として 普及版

BLUE BACKS

「ファインマン物理学」を読む

量子力学と相対性理論を中心として 普及版

Takeuchi Kaoru

竹内 薫

The Feynman Lectures on Physics

竹内 薫

定価：本体1200円(税別)
ISBN 978-4-06-517239-1

物理学の真髄とは何か？

朝永振一郎とともにノーベル物理学賞を受賞した
天才物理学者リチャード・ファインマン。
カリフォルニア工科大学での授業をまとめた
名著『ファインマン物理学』には物理学の真髄が記されている。
刊行から半世紀以上、未だ読み継がれる名著の中から
「量子力学」と「相対性理論」を中心に取り上げ
ファインマンが示した物理学の本質を明らかにする。

ブルーバックス

ブルーバックス　数学関係書（I）

2195
統計学が見つけた野球の真理

鳥越規央